TEMA 11

LA ATMÓSFERA: ESTRUCTURA, COMPOSICIÓN Y DINÁMICA. LA CONTAMINACIÓN ATMOSFÉRICA. MÉTODOS DE DETERMINACIÓN Y CORRECCIÓN.

I0483895

0. INTRODUCCIÓN

Con el presente tema intentaremos profundizar en el conocimiento de la capa más externa de la Tierra, la atmósfera. Veremos de qué está formada y cómo se estructura, así como las principales alteraciones y sus causas y consecuencias de la actividad del hombre sobre ella.

Realmente, es muy amplio el conocimiento que se tiene sobre la atmósfera, los gases que la forman, cómo se estructura, cómo varían sus características fisicoquímicas tanto horizontal como verticalmente, cómo ha sido su origen y evolución. Por ello, siempre que intentemos sintetizar en pocas líneas todo este conocimiento dejaremos, inevitablemente, de concretar algún que otro aspecto.

En primer lugar hablaremos de los aspectos físicos, químicos y dinámicos que caracterizan a la atmósfera; a continuación veremos los principales agentes contaminantes y las consecuencias que genera su presencia; y finalmente, estudiaremos algunos de los métodos que existen para determinar y, posteriormente, corregir estos agentes contaminantes.

(es muy conveniente exponer con claridad, aquí al principio, el orden que se va a seguir, leer el índice de una forma ágil)

1. COMPOSICIÓN DE LA ATMÓSFERA

En su origen, la atmósfera primitiva o **protoatmósfera**, estaba formada por gases como el nitrógeno, el dióxido de carbono y agua, con trazas de hidrógeno y monóxido de carbono. Debido a la presencia de estos gases, y ausencia de oxígeno, se cree que la primera atmósfera tenía un carácter ligeramente reductor.

A partir de hace unos 3.500 millones de años, los organismos fotosintéticos la empezaron a transformar profundamente, insuflándole grandes cantidades de oxígeno, inexistente hasta el momento, originado como un desecho fotosintético. Poco a poco, la atmósfera comenzó a ser oxidante. Hace unos 2.500 millones de años la cantidad de oxígeno comenzó a ser notable, y hace unos 600 millones años, suficiente como para generar un capa de ozono, que permitiría la vida en tierra firme. A pesar de ello, la cantidad de oxígeno atmosférico fue aumentando hasta estabilizarse, alcanzando los niveles que tenemos hoy día.

Actualmente, la atmósfera compuesta básicamente por **nitrógeno** y **oxígeno**, que suponen el 99% del volumen total de gases atmosféricos. También existen otros gases minoritarios, algunos de los cuales serán muy importantes en los procesos meteorológicos, y otros se verán asociados a procesos de contaminación. En la siguiente tabla se resumen los gases más representativos ordenados por su abundancia.

GAS	CONCENTRACIÓN (%)
Hidrógeno	78,1
Oxígeno	20,94
Argón	0,93
Dióxido de carbono	0,035
Neón	0,0018
Helio	0,00052
Metano	0,0002
Kriptón	0,00011
Hidrógeno	0,00005
Xenón	0,0000087
Ozono	0,0000011
Óxidos de nitrógeno	0,000001
Monóxido de carbono	0,000001

Como hemos visto, el nitrógeno y el oxígeno son los gases más abundantes. El primero de ellos es prácticamente inerte, mientras que el otro es muy reactivo. El resto de volumen atmosférico está compuesto por una gran diversidad de compuestos gaseosos que, aunque en baja concentración, tienen una gran importancia en los procesos físicos y químicos que tienen lugar en las capas inferiores de la atmósfera.

Como veremos más adelante, los gases no se distribuyen de manera homogénea en toda la atmósfera. Así pues, estas concentraciones serían válidas para los primeros 90 Km de nuestra atmósfera.

Por otra parte, también se ha de tener en cuenta que las concentraciones que se indican en la tabla son valores medios. En realidad, algunos componentes pueden hallarse localmente en concentraciones más elevadas, como es el caso del ozono, que hacia los 25-30 km de altura incrementa considerablemente su concentración formando la famosa *capa de ozono*. Por otra parte, este gas también puede hallarse en concentraciones superiores en ambientes polucionados, pudiendo aumentar más de cinco veces su valor medio. Otros gases, como el *dióxido de azufre*, son prácticamente inexistentes en ambientes limpios, pero pueden alcanzar localmente niveles apreciables.

Por otra parte, en los primeros 12 Km de la atmósfera también se encuentra el vapor de agua, pero en cantidades muy, muy variables. El porcentaje de este gas está comprendido entre un 4% en los trópicos y tan solo unas décimas en los desiertos y en las regiones polares, diferencia muy grande comparada con las concentraciones de otros gases minoritarios.

A parte de estos componentes gaseosos, en la atmósfera existen partículas sólidas y líquidas en suspensión. Su origen es muy diverso. Lo podemos encontrar en la evaporación del agua de los océanos, la erosión del suelo, erupciones volcánicas, incendios forestales o en la desintegración de meteoritos. A todo esto hay que sumarle la acción del hombre, que se estima que produce alrededor del 20% de las partículas del aire.

La presencia de estas partículas sólidas y líquidas en la atmósfera tiene un papel fundamental en procesos como la formación de nubes y las precipitaciones, formación de lluvias ácidas, etc.

Por otra parte, también cabe destacar la importancia que tienen los **aerosoles marinos**. Su origen se encuentra en el mar, en pequeñas partículas de agua y sales que son arrastradas por el viento, y su presencia en la atmósfera favorece determinados procesos fisicoquímicos como la formación de nubes o el transporte de minerales y nutrientes hacia áreas continentales.

2. ESTRUCTURA DE LA ATMÓSFERA

Como hemos visto, la composición de la atmósfera no se mantiene constante en toda su altura. Tampoco se mantiene constante, sin embargo, en lo que se refiere a su concentración, pues la mayor parte de la atmósfera se concentra cerca de la superficie. En concreto, el 50 % del aire atmosférico se encuentra en los primeros 6 km, y el 95 % en los primeros 15 km. Más arriba, la atmósfera se vuelve tenue y muy variable en cuanto a su composición.

En la atmósfera terrestre se distinguen diferentes regiones según la *variación de la temperatura* con la altura. Distinguimos cuatro zonas principales: *troposfera, estratosfera, mesosfera* e *ionosfera*. Cada una de ellas está separada de la siguiente mediante unas zonas de transición llamadas **pausas**.

Las tres primeras capas incluyen una región de la atmósfera en que la proporción de gases no varía. Ésta se conoce con el nombre de **homosfera**. Por encima de ella, la proporción es más variable, por lo que se llama **heterosfera**.

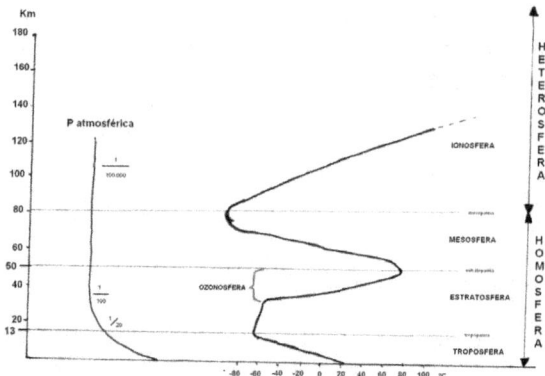

2.1. La troposfera

Es la capa más baja de la atmósfera; se encuentra en contacto con el suelo y tiene un espesor de unos 10 a 12 km, de media[1]. Limita con la siguiente capa mediante la **tropopausa**. Esta capa se caracteriza porque presenta una disminución de la temperatura con la altura, a razón de 1°C cada 150 metros de altura, hasta llegar a los -70°C en la parte superior. En esta zona se encuentra unas grandes corrientes de aire que rodean el planeta a modo de cinturón que son conocidas como **jet stream**.

---

[1] En realidad, el grosor de la troposfera varía de unos 7 km en los polos a unos 18 km en el ecuador.

Por otra parte, el aire de esta capa presenta movimientos tanto verticales como horizontales, por lo que en todo su espesor su composición será homogénea. En ella tienen lugar los fenómenos meteorológicos (lluvia, viento, nieve, granizo, niebla...). En los primeros 500 metros existe una gran cantidad de polvo en suspensión, que ha sido elevado por el viento. Esta zona se conoce como **capa sucia**.

2.2. La estratosfera

Es la segunda capa de la atmósfera; se sitúa por encima de la troposfera hasta los 50 km de altura. El límite con la siguiente capa se conoce como **estratopausa**. Al contrario de lo que ocurría en la capa anterior, en la estratosfera la temperatura aumenta con la altura, hecho que impide el ascenso de masas de aire más frías y, por tanto más densas, que las que se encuentran por encima. Estas regiones se conocen con el nombre de **capas de inversión**, y son en realidad capas horizontales que no se mezclan entre ellas, por las razones que hemos visto, y en las que únicamente caben los movimientos horizontales del aire. Esta es, además, una de las razones por las que la composición de la estratosfera varía con la altura. La transparencia del aire estratosférico es casi perfecta, por carecer apenas de partículas de polvo y agua.

Dentro de esta capa se puede distinguir otra región con unas características especiales y de vital importancia para los seres vivos. Se trata de la **ozonosfera**. Ésta es una capa situada entre los 20 y 50 km de altura, que se caracteriza por poseer una gran cantidad de *ozono*. Este gas está formado por tres moléculas de oxígeno que se generan y destruyen en un proceso continuo por la acción de los rayos ultravioleta provenientes del Sol. Forma la capa protectora, precisamente, de la radiación ultravioleta emitida por el Sol.

2.3. La mesosfera

Es la tercera capa de la atmósfera terrestre; se encuentra por encima de la estratosfera y discurre entre los 50 y los 90 km de altura. Su límite superior se conoce como mesopausa. En esta capa la temperatura vuelve a disminuir de nuevo con la altura.

Según algunos autores, hacia los 70 km se encuentra la *sodiosfera*, una capa en la que abundan los gases de sodio que provocarían efectos luminosos.

2.4. La ionosfera

Esta capa también se conoce con el nombre de **termosfera** o *heterosfera*. La composición química de esta capa varía considerablemente de unas alturas a otras. En las capas inferiores encontramos iones complejos como el ión nitrato e hidronio; en las capas medias, a unos 110 km, abundan los cationes metálicos con una sola carga (hierro, magnesio, silicio y calcio); en las capas superiores, por el contrario se encuentran iones sencillos como el oxígeno y nitrógeno iónicos. Esta capa comienza a partir de los 90 km y discurre durante varios miles de kilómetros de altura.

La mayoría de gases que se encuentran en esta capa están en estado ionizado debido a las radiaciones solares de alta energía. En este estado, absorben radiación ultravioleta, con lo que la temperatura aumenta mucho, hasta un máximo de 2.000 °C[2]. En esta capa se dan fenómenos como la reflexión de las ondas de radio y televisión y las auroras boreales. Éstas últimas se producen cuando los iones de la termosfera interaccionan con las partículas atómicas procedentes del Sol que, canalizadas por las líneas de fuerza del campo magnético, son concentradas en las zonas polares.

Por encima de esta capa se encuentra la **exosfera**, que es básicamente isotérmica, aunque el límite superior de la atmósfera es difuso. Limita con la ionosfera mediante la **termopausa** o *ionopausa*. Algunos autores lo hacen coincidir con la zona de influencia del *viento solar*, que son partículas subatómicas (protones y electrones) que provienen del Sol y presentan una alta energía. Al interaccionar con el campo magnético terrestre, que actúa como escudo protector, dan lugar a *magnetosfera*[3], que se sitúa entre los 3.200 y los 22.000 km de altura.

---

[2] A estas alturas, la temperatura no puede ser registrada con los termómetros habituales debido a la baja densidad que presenta el aire.
[3] Algunos autores también llaman a la magnetosfera *cinturones de Van Allen*.

3. DINÁMICA ATMOSFÉRICA

La presión que ejerce la columna de aire sobre un punto de la superficie se conoce como **presión atmosférica**. En 1943, Torricelli y Viviani calcularon el valor de la presión atmosférica a nivel del mar: 760 mm de altura de un cilindro de mercurio de 1 cm^3 de sección. Al multiplicar este valor por la densidad del mercurio (13'6 g/cm^3), resulta 1.033'6 g/cm^2, valor conocido como una **atmósfera** ó 1013 *milibares* (mb).

Los puntos con igual presión se encuentran unidos mediante líneas llamadas isobaras; en los mapas atmosféricos se suelen dibujar las isobaras cada cuatro milibares de diferencia. En la atmósfera existen *zonas de altas presiones*, conocidas como **anticiclones**, y *zonas de bajas presiones*, también llamadas **borrascas**. El gradiente de presión hace que el viento siempre se desplace de los anticiclones hacia las borrascas, y éste será más intenso cuanta mayor sea la diferencia de presión entre ambas. El desplazamiento del aire se hace oblicuo a las líneas de isobaras debido a la acción de la *fuerza de Coriolis*.

Circulación atmosférica general

La radiación que proviene del Sol no llega de forma uniforme a la Tierra, sino que hay zonas que reciben más calor, las ecuatoriales, y otras menos, las polares. Esto hace que se produzca un intercambio de calor entre estas zonas mediante el movimiento de masas de aire. Esto da lugar a la *circulación atmosférica general*, que reparte el calor por medio de **células de convección**.

En principio, se tendría que formar una única célula de convección en cada hemisferio, ascendente en el ecuador y descendente en los polos. Ésta, debido por una parte a la rotación terrestre (que se produce de oeste a este), y por otra a la diferente rotación tangencial en las distintas latitudes, se desviaría hacia la derecha al desplazarse hacia el ecuador y hacia la izquierda al dirigirse hacia los polos. En la práctica, no obstante, se forman *tres* células de convección en cada hemisferio.

Si tomamos como modelo el hemisferio norte, vemos que existen tres células convectivas llamadas también **células de Hadley**.

- La primera se eleva desde el Ecuador hasta una latitud de unos 30° N, donde desciende para volver a la zona ecuatorial. Durante su retorno se forman unos vientos del NE llamados **alisios**. Los alisios del N y del S chocan en el Ecuador y forman la **zona de convergencia intertropical (ZCIT)** o también conocida como *zona de calma o de bajas presiones ecuatoriales*.

- La segunda célula de convección se forma a partir de parte de los vientos que descienden en los 30°, y que se dirigen hacia el N por superficie donde ascienden hacia los 60° de latitud N. Esta célula genera en superficie unos vientos conocidos como **vientos de poniente**.

- La última célula comprende latitudes entre los 60° y 90° N. El aire asciende hacia los 60° N y desciende en el Polo Norte. En su retorno forma los fríos **vientos del NE**, que cuando choca con el aire cálido que proviene del sur genera el **frente polar**.

Como hemos comentado anteriormente, otra tanto que hemos visto para el hemisferio norte se produce en el hemisferio sur. También cabe destacar la existencia de varias corrientes de aire en el límite de la troposfera con la estratosfera que se conocen como **chorros** o **jet stream**. Los dos más importantes son el *chorro polar*, que se encuentra a unos 60° N se dirige de oeste a este, y el *chorro subtropical*, que se encuentra a unos 30° N y tiene una velocidad menor que el anterior.

Nubosidad y precipitación

Como hemos visto, la energía que llega del Sol produce una serie de movimientos en las masas de aire. Estos desplazamientos verticales y horizontales generan una serie de fenómenos como el viento, lluvia, nieve, etc., que se conocen como **fenómenos atmosféricos**.

En estos fenómenos intervienen la *presión* y la *temperatura*, que son dos variables que están íntimamente relacionadas entre sí. Así, la temperatura es función directa del número de moléculas por unidad de volumen; por tanto, para enfriar o calentar un gas, basta con expandirlo o comprimirlo, respectivamente, sin necesidad de intercambiar calor con el ambiente. Éstos se conocen como **cambios adiabáticos**. Se producen por dos tipos de gradientes:

- **Gradiente adiabático seco**: la masa de aire que asciende tiene el agua en forma de vapor y se produce un descenso rápido de la temperatura cuando la masa de aire asciende.

- **Gradiente adiabático húmedo**: en el ascenso, llega un momento en el que el vapor de agua de la masa de aire se condensa y hace que se reduzca la tasa de enfriamiento del aire y, por tanto, también la velocidad de ascenso. En este momento, el agua puede precipitar en forma de lluvia, nieve, granizo...

Los cambios de temperatura adiabáticos de las masas de aire acaban generando *nubosidad* y *precipitación*. Éstas pueden generarse por tres *mecanismos*:

- **De tipo frontal**: cuando chocan frontalmente dos masas de aire que tienen temperaturas diferentes. Pueden darse dos casos:

    - Frente cálido: se producen cuando una masa de aire caliente remonta a otra masa de aire más frío y más denso. Se producen precipitaciones en una atmósfera relativamente cálida.

    - Frente frío: por el contrario, se producen cuando una masa de aire frío desaloja a una masa de aire caliente hacia arriba. Cuando se producen las precipitaciones, se nota que ha habido un descenso en la temperatura del ambiente.

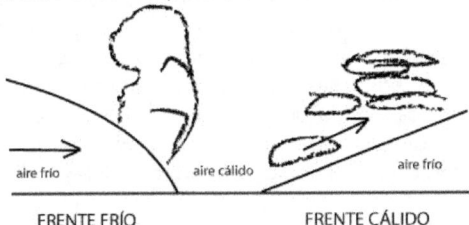

aire frío   aire cálido   aire frío

FRENTE FRÍO   FRENTE CÁLIDO

- **De tipo orográfico**: cuando una masa de aire cálido y húmedo remonta una cadena montañosa, se enfría y el agua condensa, dando lugar a precipitaciones en la ladera de *barlovento* (de donde viene el viento), llegando a la de *sotavento* un aire seco y más caliente. Este fenómeno se conoce como **efecto Foehn**.

- **De tipo convectivo**: se da cuando se produce un ascenso directo del aire recalentado por estar en contacto con el suelo caliente. Se originan tormentas como las típicas de verano.

4. LA CONTAMINACIÓN ATMOSFÉRICA

La contaminación atmosférica es la presencia de agentes contaminantes en la atmósfera. Un **contaminante** es una sustancia gaseosa, líquida o sólida presente en la atmósfera que, a partir de ciertos niveles, pueden ocasionar, directamente o indirectamente, efectos nocivos tanto a los seres vivos como a los materiales. No obstante, también se pueden considerar contaminantes ciertas *formas de energía* como las radiaciones ionizantes, el ruido o la luz.

Como hemos visto, la concentración es, pues, un parámetro de referencia para definir si una sustancia es o no contaminante. Así por ejemplo, el ozono está presente en la troposfera en concentraciones muy bajas, inocuas para los seres vivos; su presencia es incluso beneficiosa, ya que gracias a su elevado poder oxidante es capaz de destruir un gran número de compuestos orgánicos emitidos por el hombre. Por el contrario, en determinadas circunstancias, como lo son las propias zonas urbanas y altamente industrializadas, el ozono se puede generar a velocidades apreciables y acumularse, localmente, en la atmósfera. En este caso, al pasar un determinado límite, el ozono se comporta como un contaminante, ya que ejerce un efecto tóxico en los seres vivos y también produce la degradación de ciertos materiales.

Se puede hablar también de una polución de fondo debida a procesos naturales, tales como erupciones volcánicas, erosión superficial y otros, que continuamente generan sustancias potencialmente contaminantes. Esta contaminación, no obstante, es asumida por la propia naturaleza. Es la acción del hombre la que incrementa la cantidad de estas partículas que pueden llegar a ser tratadas como contaminantes.

4.1. Tipos de contaminantes

Según la forma en que ingresen en el aire atmosférico, pueden distinguirse dos tipos de contaminantes:

– Contaminantes primarios: son aquéllos que son vertidos directamente a la atmósfera desde los focos emisores. Entre ellos encontramos *aerosoles* (partículas sólidas y líquidas), *gases* como los óxidos de azufre, nitrógeno y carbono, *metales pesados, compuestos halogenados* (como los clorofluorocarbonados) y *compuestos orgánicos.*

– Contaminantes secundarios: son aquéllos que se producen como consecuencia de reacciones químicas que sufren los contaminantes primarios en el aire. Entre ellos encontramos ácidos como el sulfúrico y el nítrico, óxidos de nitrógeno y el ozono troposférico.

4.2. Origen de la contaminación

El origen de la contaminación puede ser de dos tipos, *natural* o *antrópica*. En la tabla siguiente se indican algunos de los principales contaminantes gaseosos, indicando su origen (el "SI" y el "NO" no hacen referencia a un un 100% ni a un 0%, sino más bien a la mayoría de su producción):

Contaminantes	Origen natural	Origen antrópico
Ácido cianhídrico	SI	NO
Ácido clorhídrico	SI	SI
Ácido fluorhídrico	SI	NO
Amoníaco	SI	SI
Clorofluorocarbonos	NO	SI
Cloruro de metilo	SI	SI
Compuestos aromáticos	NO	SI
Compuestos orgánicos policlorados	NO	SI
Dióxido de azufre	NO	SI
Hidrocarburos	SI	SI
Metano	SI	SI
Monóxido de carbono	SI	SI
Óxido nitroso	SI	NO
Óxidos de nitrógeno	SI	SI
Sulfuro de carbono	SI	NO
Sulfuro de carbonilo	SI	NO
Sulfuro de metilo	SI	NO
Sulfuro de hidrógeno	SI	NO

Contaminantes de origen natural

Como ya hemos comentado anteriormente, existen una serie de contaminantes que son introducidos a la atmósfera procesos naturales. A causa de estos procesos, se emiten a la atmósfera una amplia gama de productos tanto orgánicos como inorgánicos que, sobre todo por la aceleración producida por la acción del hombre, pueden alcanzar velocidades de generación apreciables.

A modo de resumen, expondremos las principales fuentes de contaminación natural:

- Vegetación: en general, emite una variada gama de sustancias orgánicas como hidrocarburos, terpenos y derivados.

- Océano: los mares y océanos contienen grandes cantidades de gases disueltos pueden ser emitidos en algún momento a la atmósfera, como puede ser por la subida de la temperatura media del planeta. Entre ellos cabe destacar el dióxido de carbono, que se encuentra en una concentración unas cincuenta veces superior a la atmosférica. Otros, menos abundantes son el monóxido de carbono, metano, óxido nitroso, hidrógeno, cloruro de metilo, sulfuro de carbonilo, sulfuro de carbono y sulfuro de dimetilo.

- Tormentas: en los relámpagos emitidos por las tormentas se llegan a alcanzar altas temperaturas que son capaces de generar óxidos de nitrógeno.

- Erupciones volcánicas: los volcanes incorporan *materia joven* a los ciclos de los elementos. Emiten una gran variedad de sustancias tales como monóxido y dióxido de carbono, óxidos de nitrógeno, ácidos clorhídrico y fluorhídrico, sulfuro de carbonilo, sulfuro de hidrógeno y también una gran cantidad de partículas sólidas. Estas sustancias son incorporadas en la estratosfera, por lo que los contaminantes se incorporan rápidamente al sistema circulatorio global, desplazándose a grandes distancias.

- Incendios forestales: los incendios son una fuente natural de contaminantes que, en ocasiones, pueden verse aumentados por la acción del hombre. En un incendio se emite, además de una gran variedad de cenizas y partículas en suspensión, una gran cantidad de compuestos gaseosos como monóxido y dióxido de carbono, óxidos de nitrógeno, hidrógeno, sulfuro de carbonilo, cloruro de metilo, ácido cianhídrico, amoníaco e hidrocarburos como el metano y el acetileno.

- Otros procesos naturales: existen otras fuentes naturales de emisión de contaminantes que puede ser, a la vez, aceleradas por el hombre. Existen procesos anaeróbicos que generan gases reductores como el metano, amoníaco, sulfuro de hidrógeno o el sulfuro de carbono. Estos se generan en procesos de fermentación intestinal de animales y también en zonas húmedas con poca circulación de agua. También se pueden generar en zonas eutrofizadas, que presentan poco oxígeno. Finalmente, cabe destacar los procesos biológicos que tienen lugar en la capa superficial del suelo. Entre ellos la fijación biológica de nitrógeno por parte de ciertos microorganismos que emiten, como residuos, compuestos como el óxido nítrico, amoníaco y, sobre todo, óxido nitroso.

12

Contaminantes de origen antrópico

La principal contaminación producida directamente por el hombre se origina, mayoritariamente, a causa de la combustión de carburantes fósiles. La contaminación producida por el hombre suele estar centrada en núcleos urbanos densamente poblados o en zonas altamente industrializadas, pero que puede afectar a zonas rurales cercanas según las condiciones climáticas.

Vamos a ver, en primer lugar, los contaminantes emitidos directamente por el hombre y, después, los que intervienen procesos químicos atmosféricos.

- Combustión de carburantes fósiles: como hemos dicho, es la mayor fuente de emisión de contaminantes. En este proceso se emite, mayoritariamente, dióxido de carbono, pero también monóxido de carbono e hidrocarburos. Los hidrocarburos pueden ser del tipo propano, etileno, benceno o tolueno, por nombrar algunos de los más representativos. Todos los combustibles fósiles emiten al quemarse cierta cantidad de azufre, en forma de dióxido y trióxido de azufre. En presencia de agua, se forma ácido sulfúrico que da lugar al fenómeno de la lluvia ácida, como veremos más adelante. De manera análoga, los óxidos de nitrógeno pueden formar ácido nítrico que contribuye de igual manera a este fenómeno.

- Actividad industrial: actualmente se emplean más de 65.000 compuestos químicos diferentes en diversos procesos industriales o en aplicaciones domésticas, y una parte de estos van a parar a la atmósfera fruto de escapes accidentales, residuos o de su simple uso. Entre los compuestos más utilizados cabe destacar compuestos organoclorados como el cloruro de metilo, el tricloroetano o el percloroetileno. Caben destacar los clorofluorocarbonos, que son un tipo especial de compuestos orgánicos que juegan un papel fundamental en la dinámica de la capa de ozono. Éstos son empleados en diversas aplicaciones como propulsores de espráis, extintores de espuma, componentes de sistemas de refrigeración y de aire acondicionado, como intermediarios de la fabricación de plásticos, etc.

4.3. Efectos de la contaminación

Los efectos que produzcan los diversos contaminantes dependerá del tipo que sean, de su concentración, del tiempo de exposición y de la sensibilidad de los receptores, entre otros factores.

Entre los efectos más importantes destacamos los siguientes:

- <u>Destrucción de la capa de ozono</u>: algunos compuestos halogenados, y entre ellos los clorofluorocarbonados, liberan contaminantes secundarios como el cloro, que interacciona con el ozono y lo disocia, llegando a generar un *agujero en la capa de ozono*. La destrucción de la capa de ozono no evitaría que los rayos solares alcanzasen la Tierra. Éstos podrían producir alteraciones en los seres vivos tales como alteraciones en la fotosíntesis, cáncer de piel o quemaduras.

- <u>Efecto invernadero</u>: compuestos de alto peso molecular, y entre ellos el dióxido de carbono y el metano, retienen el calor que desprende la superficie terrestre y hacen que la atmósfera se mantenga más cálida. Un exceso de estos gases podría aumentar significativamente la temperatura del planeta, cosa que produciría alteraciones en la dinámica atmosférica y en las masas de hielos polares.

- <u>Afección a los seres vivos</u>: algunos compuestos son altamente estables, como muchos metales pesados entre ellos el plomo, y pueden acumularse en los seres vivos. Esto les puede ocasionar alteraciones metabólicas e, incluso, la muerte.

- <u>Lluvia ácida</u>: como ya hemos comentado, la lluvia ácida se produce a partir de compuestos nitrogenado y sulfurados que, en combinación con el agua de lluvia, generan sus respectivos ácidos y se depositan sobre la tierra en forma de lluvia o bien por deposición seca. Esta fenómeno genera quemaduras en las plantas, que puede verse incrementada por condiciones de niebla o de inversión térmica. También puede producir alteraciones en materiales de construcción de origen calcáreo.

- <u>Alteración en la visibilidad</u>: en general, todos aquéllos compuestos que no sean transparentes generarán, además de las alteraciones químicas pertinentes, alteraciones en la visibilidad, como ocurre con el smog en las grandes ciudades y que da lugar al fenómeno de la **bruma fotoquímica**. También podrá afectar a las actividades fisiológica de algunos seres vivos como puede ser la fotosíntesis de los vegetales, por vivir en una atmósfera que impide la llega de luz o bien porque se ven cubiertos por partículas de polvo que obstruyen sus estomas.

5. MÉTODOS DE DETERMINACIÓN Y CORRECCIÓN

Una vez conocidos los principales contaminantes, sus fuentes y sus formas de actuación, es necesario programar de la manera más adecuada la actuación que permita reducir los niveles de contaminación de la atmósfera y, en consecuencia, eliminar los efectos nocivos que puedan desencadenarse.

Para ello, en primer lugar hemos de determinar *qué* compuestos potencialmente tóxicos tenemos en la atmósfera y *en qué* concentración, para después desarrollar las acciones correctoras pertinentes, y preventivas para evitar esta situación en futuras situaciones.

5.1. Métodos de determinación

La determinación de la presencia de compuestos químicos se puede llevar a cabo por medio de diversos procedimientos:

- Medios fisicoquímicos: mediante técnicas de análisis fisicoquímico, que comprenden técnicas de determinación por medio de reactivos, espectrofotometría, gasómetros, filtros, etc. También es interesante, en ocasiones, el estudio de variables como la temperatura, salinidad, concentración de oxígeno... que nos darán una idea de las posibles alteraciones producidas por los contaminantes.

- Medios radiactivos: se utilizan para determinar compuestos radiactivos. Estos métodos son importantes en determinadas zonas como las cercanas a centrales nucleares o a minas de extracción de compuestos radiactivos.

- Medios biológicos: esporas, bacterias, polen pueden ser considerados contaminantes y podrán ser detectados mediante filtros especiales. Algunos organismos, como los líquenes, son muy sensibles a la contaminación atmosférica. Por ello, a partir de sus características físicas y metabólicas se puede llegar a determinar la polución de la atmósfera donde viven.

5.2. Métodos de corrección

Una vez qué sabemos los contaminantes que vamos a combatir, sus efectos y sus concentraciones en la atmósfera, hemos de desarrollar una serie de acciones para reducirlos o eliminarlos. Para ellos contamos con dos tipos de medidas: *preventivas* y *correctoras*.

5.2.1. Acciones preventivas

Son medidas que evitan, retardan o reducen la aparición de los problemas ambientales. Son mucho mejores y más deseables que las correctoras pues evitan que el problema aparezca, desde un principio. Entre ellas destacamos las siguientes:

-   Control de emisiones de los focos emisores más importantes.
-   Planificación y gestión de recursos atmosféricos, como puede ser limitación de la carga y de contaminantes en una determinada zona y el momento del día.
-   Base legislativa, que se adelanta y enmarca los procesos que generen emisiones.
-   Utilización de energías alternativas como la eólica y la hidráulica, la solar o la nuclear de fusión.
-   Utilización de dispositivos que mejoren la eficacia de la combustión y otros procesos industriales, como es la desulfuración del carbón para reducir las emisiones de azufre al quemarse.
-   Concienciación de la sociedad para favorecer actitudes positivas hacia el medio ambiente como evitar el uso excesivo de los vehículos, utilización de transportes alternativos para cortas distancias como la bici. Este último aspecto es un proceso lento pero muy eficaz cuando realmente está arraigado en una sociedad.

5.2.2. Acciones correctoras

Serán utilizadas cuando el problema ya haya aparecido. Dependiendo de la magnitud de la contaminación, características del contaminante... se tendrán que utilizar un tipo u otro. Ahora bien, sea cuales sean tendrán que utilizarse en la atmósfera, que es un medio muy heterogéneo, amplio y difícil de controlar. Por esta razón, en ocasiones se utilizan focos de desintoxicación en los mismos focos emisores o cerca de ellos, hecho que limita mucho, no obstante, la acción correctora.

Por otra parte, hay que tener en cuenta que la mayoría de los equipos depuradores, que los hay y que son muy eficaces, todo hay que decirlo, gastan recursos naturales, y esto es un problema que hay que tener en cuenta a la hora de planificar la corrección.

Entre algunas de las medidas correctoras más importantes podemos destacar las siguientes:

- Colocación de filtros en focos emisores como chimeneas.
- Utilización de trampas electrostáticas que retienen gases azufrados. Este sistema es muy útil en centrales térmicas.
- Convertidores catalíticos que transforman ciertos contaminantes en otros menos agresivos. Es utilizado frecuentemente en coches.
- Si un foco ya existe y es muy dificultoso eliminarlo, se pueden diluir o dispersar los contaminantes para que su efecto sea menor y la misma dinámica atmosférica pueda depurarlos. La forma más utilizada es la construcción de chimeneas elevadas. No obstante, estos sistemas tienen el inconveniente de que acaban trasladando el problema a otros lugares más lejanos (recordemos el caso de la lluvia ácida).

6. CONCLUSIÓN

Como hemos podido ir viendo en este tema, la capa gaseosa que envuelve la Tierra dispone de unas características y dinámica muy particulares. Su composición se mantiene más o menos constante, aunque en los últimos años algunos de sus gases minoritarios están variando su concentración debido a la acción del hombre, produciendo alteraciones a diferentes niveles.

Hemos podido comprobar, por otro lado, que es muy importante tomar conciencia del papel que ejercemos con nuestra actividad sobre la atmósfera, que somos responsables de alteraciones en el medio ambiente actual, pero también en el futuro, y que también podemos actuar de una manera más respetuosa, eficaz y harmónica con respecto al medio que nos rodea, en especial, la atmósfera.

También hemos visto que disponemos de numerosas medidas preventivas y correctas para hacer frente a la contaminación atmosférica, siendo algunas de ellas más eficaces y limpias que otras, y que las podemos utilizar en favor de la salud de nuestro Planeta.

Bibliografía útil:

ANGUITA, F. y MORENO, F. (1993) "Procesos geológicos externos y geología ambiental", Ed. Rueda.

CASAS, M. C. y ALARCÓN, M. (1999) "Meteorología y clima", Ediciones UPC.

DOMÈNECH, X. (1991) "La contaminació atmosfèrica", Ed. Barcanova.

SANZ, J.M. (1991) "La contaminación atmosférica", Publicaciones del MOPT.

TOHARIA, M. (1984) "Tiempo y clima", Ed. Salvat.

TEMA 12

LA HIDROSFERA. EL CICLO DEL AGUA. LA
CONTAMINACIÓN DEL AGUA. MÉTODOS DE
ANÁLISIS Y DEPURACIÓN. EL PROBLEMA
DE LA ESCASEZ DEL AGUA.

0. INTRODUCCIÓN

En el presente tema estudiaremos el medio acuoso del planeta y todo lo que hace referencia a él: ciclo, contaminación y depuración.

El estudio de la hidrosfera es un campo que abarca una gran cantidad de aspectos diferentes que hacen difícil un resumen exhaustivo de todo lo que se sabe al respecto, pudiendo carecer de algún aspecto en favor de otros.

En primer lugar estudiaremos la hidrosfera como tal, con sus características físicas y químicas. Después pasaremos a los problemas de contaminación y escasez de agua, para acabar con las posibles soluciones que se proponen al respecto.

Estudiar la hidrosfera es de gran importancia puesto que en ella se completan muchos ciclos de la materia. Además, es un componente de nuestro planeta que va a tener una gran influencia en el resto de la corteza, así como ser un medio muy importante tanto para la vida acuática como terrestre.

(es muy conveniente exponer con claridad, aquí al principio, el orden que se va a seguir, leer el índice de una forma ágil)

1

1. LA HIDROSFERA

La **hidrosfera** es una de las capas fluidas que envuelven a la Tierra. Dadas las características térmicas del planeta, el agua tiene la facultad de presentarse en los tres estados de la materia, en forma de vapor, líquida y de hielo.

El agua presenta varias propiedades que van ser sernos muy útiles para explicar su distribución, estados y dinámica. Entre ellas destacamos su *densidad*, que en agua dulce es de 1 g/cm^3, mientras que la del agua marina es de aproximadamente 1,03 g/cm^3. La densidad varía con la temperatura, haciéndose el agua más densa cuanto más se enfríe. Esto ocurre hasta los 4°C, donde presenta el máximo de densidad. Por debajo de esta temperatura, la densidad del agua aumenta. Así el hielo es menos denso que el agua líquida y flota sobre ella. Esta propiedad va a ser de vital importancia para los ecosistemas marinos.

1.1. Origen de la hidrosfera

El origen del agua del planeta Tierra lo hemos de buscar en el mismo origen de la Tierra. Después del proceso de desgasificación del interior de la Tierra, toda el agua se encontraba en forma de vapor en la atmósfera debido a la gran temperatura que había entonces. Conforme iba disminuyendo la temperatura del planeta, el agua fue condensándose poco a poco, precipitando y acumulándose en las zonas bajas del planeta, formando finalmente los mares y océanos.

Desde aquel momento, la cantidad de agua del planeta ha permanecido más o menos constante. Sólo existen pequeñas aportaciones debidas, principalmente, a las erupciones volcánicas, de poca importancia en el global de la hidrosfera. Estas aguas se conocemos con el nombre de **aguas juveniles**.

Después de su aparición, la hidrosfera ha tenido, y sigue teniendo, una gran importancia tanto en la regulación de la temperatura del planeta como en el modelado de su superficie.

1.2. Distribución geográfica

El agua no está igualmente repartida por el planeta. Su distribución es heterogénea, de manera que los mayores volúmenes se encuentran en los mares y océanos, mientras que el resto se encuentra, básicamente, en los continentes. En la siguiente tabla se muestra la distribución del agua del planeta en los distintos compartimentos, expresada en volumen y en tantos por ciento:

Tipo	COMPARTIMENTO	VOLUMEN DE AGUA	%
SALADA	Océanos	1322 km³	97,2
DULCE	Glaciares y casquetes	29,2 km³	2,2
	Aguas subterráneas	8,4 km³	0,6
	Lagos y ríos	0,2 km³	0,02
	Atmósfera	0,01 km³	0,001
	Biosfera	0,0007 km³	0,0005

En definitiva, la presencia del agua en uno u otro estado va a depender, en última instancia, de su temperatura. Así, como hemos visto, el agua la encontraremos en tres estados:

- Sólida: en casquetes polares y en alta montaña.

- Líquida: en océanos, mares, ríos, aguas subterráneas, lagos. En esta estado se encuentra la mayor parte del agua del planeta.

- Gaseosa: en la atmósfera. Aunque resulta una cantidad relativamente pequeña, tendrá una gran importancia en los *procesos meteorológicos*.

1.3. Composición química y características físicas

En este apartado haremos un breve resumen de la composición del agua y de sus principales características físicas.

Características químicas

Tanto el agua dulce como el agua marina están compuestas de moléculas de agua (H_2O) junto con una gran variedad de **sales minerales**, que dan lugar a la **salinidad** del agua. De todas ellas, la más abundante es el cloruro sódico (ClNa), aunque también son importantes otros iones como el potasio, calcio o el magnesio, hierro o fosfato. Así, según la cantidad de sales que presente el agua se pueden distinguir tres tipos, de mayor a menor salinidad: *saladas, salobres* y *dulces*.

Para mayor detalle sobre las propiedades y componentes del agua, se puede consultar el tema 23: *"La base química de la vida: componentes inorgánicos y orgánicos. El agua y las sales minerales. Los glúcidos y los lípidos. Su biosíntesis"*.

Además de las sales, el agua presenta **gases** disueltos. El más abundante es el nitrógeno, aunque los más importantes, dada su reactividad e importancia para los ecosistemas marinos, son el oxígeno y el dióxido de carbono. La concentración de estos dos gases no se mantiene constante en el agua, sino que varía según factores como la *profundidad*, la *temperatura* o la *acidez* del medio.

<u>Características físicas</u>

Podemos caracterizar las propiedades físicas del agua a partir de tres parámetros:

- <u>Densidad</u>. Como hemos visto, la densidad del agua vendrá dada, principalmente, por la concentración de sales, aunque también podrá variar según la temperatura. Así, a igual de densidad, aguas más cálidas tenderán a estar por encima de otras más frías. La densidad condicionará, además, los movimientos verticales del agua y parte de los horizontales.

- <u>Temperatura</u>. En las grandes masas de agua, la temperatura varía con la profundidad, ya la fuente de calor, la radiación solar, se encuentra en la superficie. De esta manera, cuanta más profundidad, menor temperatura. Por otra parte, la temperatura no varía homogéneamente en el eje vertical, sino que en una zona en la que el gradiente de temperatura varía mucho más rápidamente. Esta zona se conoce con el nombre de **termoclina**.

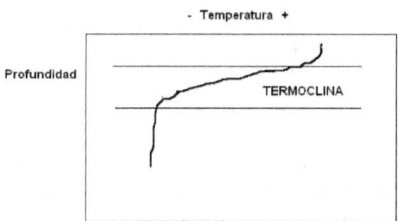

- <u>Luminosidad</u>. Las masas de agua reciben el aporte de luz en superficie, pero se van extinguiendo conforme aumenta la profundidad. Este factor condicionará la distribución de los seres fotosintéticos en las agua del mar.

1.4. Dinámica de la hidrosfera

Los movimientos de las masas de agua pueden ser de tres tipos: olas, mareas y corrientes.

- Olas. Se trata de movimientos ondulatorios de la superficie del mar provocados por el viento, que es a su vez generado por la radiación solar.

- Mareas. Es un movimiento cíclico del agua de mar, de ascenso y descenso, producido por la atracción gravitatoria del Sol y, sobre todo, la Luna. Se producen aproximadamente cada seis horas. Cuando una marea alcanza su máximo nivel se llama **plenamar**, mientras que su mínimo se conoce como **bajamar**. Cuando se alinean la Tierra, la Luna y el Sol, la bajamar y la pleamar son más acusadas y dan lugar a las **mareas vivas**.

- Corrientes: son movimientos de masas de agua del mar en un sentido determinado. Pueden ser *superficiales* o *profundas*. Las superficiales son generadas por el impulso del viento, mientras que las profundas se producen como consecuencia de diferencias de temperatura y salinidad. En ambos casos, la energía solar es el responsable final del movimiento del agua.

De entre las corrientes cabe destacar la **cinta transportadora oceánica**, que es una corriente de agua que recorred los mares y océanos del planeta, tanto en superficie como en profundidad, y que es responsable del transporte de calor entre las zonas cálidas y frías del planeta.

2. EL CICLO DEL AGUA

El ciclo del agua, o también llamado ciclo hidrológico, es un circuito cerrado del agua entre diferentes compartimentos y con unos flujos determinados de agua de unos a otros. Vamos a ver primero los compartimentos y a continuación los flujos.

2.1. Compartimentos

Se podrían distinguir una gran cantidad de compartimentos donde encontramos distribuida el agua. Veamos los más importantes:

Mares y océanos

Como ya hemos visto, en los mares y océanos del planeta es donde se encuentra la inmensa mayoría de agua del planeta. La distinción entre mar y océano viene dada en función de su tamaño, siendo más grandes los océanos que los mares. A parte de esto, los mares suelen encontrarse rodeados de una mayor porción de tierra que los océanos.

La temperatura en estos dos compartimentos varía en función de la profundidad y la latitud. Según este último factor, se pueden distinguir entre *mares intertropicales cálidos* y el resto, más fríos. No obstante, por debajo de la termoclina, la temperatura tanto en mares cálidos como en fríos es similar. Por otra parte, la máxima salinidad la encontramos en los mares intertropicales, por tener menos pluviosidad y mayor tasa de evaporación, con lo que las sales se diluirán menos.

También hay que destacar otra propiedad importante en estos compartimentos y es que, por su gran tamaño, son unos buenos amortiguadores térmicos del planeta, así como de las concentraciones de oxígeno y dióxido de carbono. De esta manera, se pueden considerar unos buenos moduladores tanto del clima del planeta como de la biosfera.

Aguas continentales

Suponen una pequeña proporción de la biosfera, pero su existencia tiene mucha importancia para la vida en tierra firme y, en especial, para la vida del ser humano. Comprenden varios sub-compartimentos:

- Glaciares: son acumulaciones de agua en estado sólido en montañas altas y en los polos. Pese a ser la mayor reserva de agua dulce del planeta, tienen poca importancia para la vida pues, como veremos, su dinámica es muy lenta ya que el tiempo de residencia del agua en este compartimento puede ser muy grande. Los que se encuentran en alta montaña pueden sufrir proceso de hielo y deshielo, lo que los hace más dinámicos, y pueden verter agua a otros compartimentos como ríos y lagos.

- Lagos: son depresiones de los continentes ocupadas por aguas continentales líquidas. Pueden ser de varios tipos: de origen glaciar, de cráter, de origen tectónico, etc. Su mayor o menor dinámica dependerá de su volumen total y de las entradas y salidas que tenga.

- Ríos: son compartimentos en los que el agua está en movimiento a favor de la pendiente. La parte inicial, que se encuentra en zonas montañosas se llama *cabecera*, mientras que la final se llama *desembocadura*. La cantidad de agua que contengan dependerá de las condiciones climáticas y orográficas de cada zona, que los harán más o menos largos y caudalosos.

- Aguas subterráneas: se trata de un compartimento poco dinámico, pero que contiene la mayor parte del agua continental líquida. Dependiendo de las zonas, el régimen de lluvias y la capacidad de retención de agua del suelo, su permanencia será mayor o menor. En algunos casos, el agua puede estar bajo tierra durante millones de años, llamándose a éstas **aguas fósiles**.

Atmósfera

Es el único compartimento en el que el agua se encuentra en estado gaseoso. El tiempo que ésta permanece en él es muy pequeño. No obstante, la dinámica que presenta en ella es muy activa produciéndose, entre otros, los fenómenos atmosféricos como la precipitación en sus diferentes formas, la evaporación, etc. A través de este compartimento retorna el agua, que ha sido transportada por los ríos, a su lugar de origen.

El tiempo que el agua permanece en cada uno de los compartimento es muy variable. A este tiempo se le llama **tiempo de residencia** y se define como el tiempo medio que está una molécula de agua en un determinado compartimento. En la siguiente tabla se muestran los tiempos de residencia del agua en los principales compartimentos:

COMPARTIMENTO	TIEMPO DE RESIDENCIA
Atmósfera	10 días
Ríos	13 días
Océanos	36.000 años
Glaciares	36.000 años
Aguas subterráneas	días a millones de años

2.2. Flujos

Cuando hablamos de flujos, nos referimos a los movimientos que tiene el agua de unos compartimentos a otros y por unidad de tiempo (días, años). Normalmente, vienen representados en el esquema del ciclo hidrológico (ver más abajo) mediante flechas que unen unos compartimentos con otros.

Cabe destacar una serie de procesos que se dan en este ciclo:

- Evaporación: es el paso de agua líquida a gaseosa. Se da en el paso del agua de los ríos, mares, lagos y océanos a la atmósfera.

- Condensación: es el paso del agua del estado gaseoso al líquido. Se da cuando precipita de la atmósfera en forma de agua, nieve, granizo...

- Escorrentía: es el movimiento que tiene el agua por la superficie terrestre; incluye a los ríos y a las aguas salvajes.

- Infiltración: es el paso del agua líquida de la superficie al subsuelo, para formar parte de las aguas subterráneas.

- Evapotranspiración: es la evaporación que se produce directamente a través de los seres vivos (animales y plantas).

En la siguiente tabla se representan los principales flujos de agua entre compartimentos:

COMPARTIMENTO	VOLUMEN (en km^3)
Precipitación en continentes	99×10^3
Precipitación en océanos	324×10^3
Evaporación	361×10^3
Escorrentía	37×10^3
Evapotranspiración	62×10^3

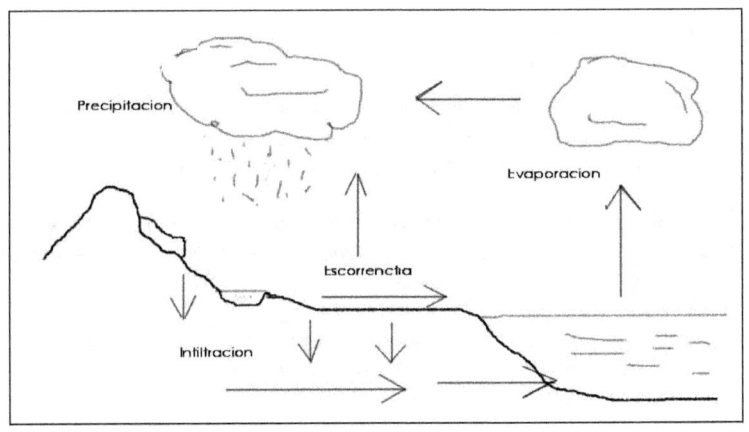

3. LA CONTAMINACIÓN DEL AGUA

3.1. Tipos de contaminantes

Los agentes que contaminan el agua pueden ser de diversos tipos y los efectos que tengan sobre los seres vivos dependerán de sus características fisicoquímicas. Según su naturaleza, podemos clasificarlos en tres tipos:

- Contaminantes físicos: comprenden sedimentos, materia orgánica en suspensión, partículas radiactivas y formas de energía que pueden hacer variar la temperatura.

- Contaminantes químicos: son productos químicos de diferente origen que incluyen contaminantes orgánicos solubles, contaminantes inorgánicos metálicos, sales...

- Contaminantes biológicos: incluyen seres vivos microscópicos como bacterias, protozoos, virus, algas y gusanos parásitos, mucho de ellos patógenos.

3.2. Contaminación de los ríos, lagos, aguas subterráneas y océanos

Desde siempre el hombre ha considerado a la hidrosfera como un medio de evacuación de desechos. Hasta hace no mucho tiempo, los ciclos naturales del agua aseguraban la reabsorción de tales desechos, pero poco a poco el ritmo de vertido ha ido en aumento, con lo que llega un momento que el sistema se vuelve inestable.

Vamos a ver a continuación los cuadros contaminantes más característicos en los diferentes compartimentos de la hidrofera.

Contaminación fluvial

Los ríos, por propia naturaleza, llevan disueltas sales que los dotan de una determinada salinidad (mayor cuanto más cerca se encuentren de su desembocadura). A parte de ésta, los ríos se van cargando de materia orgánica o productos de otra naturaleza de origen antrópico. Podemos nombrar algunas de las principales sustancias que impurifican a los ríos:

- – Residuos fecales.
- – Metales pesados.
- – Nitratos y fosfatos.
- – Pesticidas (insecticidas, fungicidas, algicidas...).
- – Materia en suspensión (generalmente resultante de un proceso de erosión previo).

A parte de esto, no hemos de ser alarmantes viendo que, de por sí, los ríos poseen una cierta capacidad de autodepuración llevada a cabo, entre otros, por los microorganismos oxidantes de materia orgánica. El problema está, no obstante, en la sobrecarga de esta autodepuración. Cabe destacar, también, que la principal ventaja con la que cuentan los ríos es su gran dinamicidad, que los hace recargarse de oxígeno rápidamente, así como diluir con facilidad a los posibles contaminantes.

Contaminación lacustre

Vistos desde un punto de vista dinámico, los lagos son mucho menos dinámicos que los ríos. Además, tienen un volumen relativamente pequeño comparado con el gran aporte de contaminantes que pueden recibir de los ríos. Todo esto lleva a que los procesos contaminantes en lagos sean rápidos en manifestarse, pero lentos en depurarse.

Por otra parte, su estancamiento hace que no cuenten con grandes sistemas de autodepuración, lo que les hace padecer procesos contaminantes con frecuencia, como es el caso de la **eutrofización**. Esta se produce cuando existen vertidos de fosfatos y nitratos, generalmente de origen agrícola, que son factores limitantes en el crecimiento de las algas acuáticas. Estos nutrientes propician el crecimiento de algas unicelulares en superficie, pero el exceso de materia orgánica impide el paso de luz y la consiguiente muerte del resto de algas que queda por debajo. Esto lleva a una descomposición de la materia orgánica, primero por medio aeróbicos pero, cuando se acaba el oxígeno, por medios anaeróbicos, lo que produce la muerte de organismos acuáticos. La anaerobiosis provoca también una acidificación del medio, y ésta, la liberación de metales pesados de los sedimentos.

Contaminación de las aguas subterráneas

Por su baja dinámica y alto tiempo de residencia del agua en este compartimento, es un caso mucho más grave que los anteriores y que se detecta con menos facilidad y, a veces, después de largos periodos después de haberse producido el vertido, cuando el problema ya es muy serio y difícil de solucionar. Los contaminantes que llegan de superficie se infiltran poco a poco a través de las rocas y los sedimentos, pasando cierto tiempo entre la introducción del contaminante y su llegada al acuífero. En zonas cársticas, no obstante, este proceso es mucho más rápido.

La autodepuración que se pueda llevar a cabo en estas zonas es baja, pues la cantidad de oxígeno presente en el subsuelo es pequeña, pues no existen organismos productores de oxígeno cerca.

Las causas de la contaminación de acuíferos pueden ser:

- Infiltraciones de aguas residuales (urbanas o industriales).
- Agricultura y ganadería.
- Basureros.
- Emisarios y pozos ciegos.

Contaminación de las aguas oceánicas

Cuando hablamos de la contaminación de los océanos hemos de percatarnos de que, a pesar de su gran volumen y a diferencia de lo que muchas veces se piensa, pueden llegar a contaminarse. Ahora bien, esta contaminación va a estar concentrada, principalmente, en la costa.

Los océanos se pueden contaminar bien indirectamente a través de los ríos, bien directamente por vertidos intencionados, accidentes marítimos o la industria costera. Pero su estado de salud es difícil tanto de diagnosticar y de remediar. La situación se complica en mares con poca circulación de aguas, como el Mediterráneo o el mar Negro. También es frecuente encontrar basuras flotantes, principalmente plásticos y derivados.

Por otra parte, cabe destacar, al contrario de lo que muchas veces se piensa, que aunque las mareas negras son una fuente de contaminación, si bien puntual muy alarmante, la mayor parte de la contaminación por combustibles fósiles se lleva a cabo por las tareas de limpieza de los grandes bracos petroleros.

4. MÉTODOS DE ANÁLISIS Y DEPURACIÓN

4.1. Análisis del agua

La calidad del agua viene dada por su composición y por los efectos producidos por cada uno de los elementos que contiene, habiendo un límite de cada uno de ellos para la potabilidad del agua.

El **agua potable** es definida por la OMS como la que puede ser consumida por las personas sin peligro para su salud. Los criterios utilizados para calcular la potabilidad del agua se reúnen en cuatro grupos:

- Características fisicoquímicas: se miden parámetros como la temperatura, pH, conductividad, concentración de oxígeno, amonio, nitratos y cloruros, dureza, etc.

- Características bacteriológicas: concentración de colibacilos, estreptococos, bacterias anaerobias. Por ejemplo, en el agua potable no se permite la presencia de ningún coliforme.

- Características biológicas: presencia/ausencia de determinadas especies que actúan de indicadores de calidad del agua.

- Características radiactivas: presencia de radiación.

Cada uno de estos parámetros se cuantifican por medio de métodos específicos como son los termómetros, peaquímetros, conductímetros, medios de cultivos apropiados para las especies bacterianas y víricas, etc.

4.2. Depuración del agua

Cuando el agua no cumple las normas de calidad exigidas según su uso, se ha de depurar, quitándole el exceso de minerales, materia orgánica, gérmenes, etc. Los procedimientos que se utilizan, en términos generales, son de tres tipos:

- Mecánicos: entre ellos destacamos la decantación de partículas, filtración por lechos de grava y rejillas, etc.

- Físicos: consiste en la eliminación de sustancias y microorganismos por métodos como la esterilización por temperatura o por radiación ionizante.

- <u>Químicos</u>: se utilizan para eliminar compuestos químicos como el carbonato cálcico u otras sale y compuestos.

Hay que puntualizar que la depuración absoluta es prácticamente imposible, pues existen compuestos difíciles de eliminar completamente como son los pesticidas o los metales pesados.

Cuando queremos depurar lugares como lagos y aguas subterráneas, se utilizarán procesos concretos para cada uno de ellos. En el caso de los lagos, lo primero sería reducir o eliminar los contaminantes que entran. En segundo lugar, se pueden llevar a cabo procesos como el drenado de sedimentos cargados de materia orgánica, aireación de los fondos, filtrado del agua, recubrimiento del fondo con plásticos, etc. El caso de las aguas subterráneas es más complejo, pero se puede llegar a extraer el agua para depurarla o bien introducir productos químicos para eliminar las sustancias contaminantes.

5. LA ESCASEZ DEL AGUA

5.1. Problemas

El principal problema del agua viene dado por su distribución desigual a lo largo del planeta, siendo en algunos lugares su evaporación mayor que la precipitación. Por otra parte, necesitamos agua de una cierta calidad para cada uso, y que será diferente para cada uno de ellos. Es decir, no será necesaria la misma calidad para el agua de bebida que para la de riego o limpieza.

Un hecho probado es que en los países ricos se consume mucha más agua por persona que los que están en vías de desarrollo. Por otra parte, en lo que más agua se invierte es en la agricultura (alrededor de ¾ partes de lo que se consume de agua en un país).

5.2. Soluciones

Las carencias de agua se pueden resolver mediante:

- Construcción de presas que almacenen agua para los periodos de sequía.
- Exploración de agua subterránea.
- Mejora de las técnicas de regadío.
- Importación de alimentos con alto requerimiento de agua de zonas con mayores disposiciones de agua.
- Reutilización de aguas residuales.
- Canalizaciones, trasvases, transporte de aguas en cisternas.
- Potabilización de agua marina.

A la hora de luchar contra la escasez de agua, no existe una única solución, sino que se utilizarán varias en conjunto para hacer frente a un problema tan serio como es la escasez de agua.

Cabe destacar, que actualmente este problema puede verse acentuado por el incremento del efecto invernadero que podría alterar, entre otras cosas los regímenes de temperaturas y pluviosidad.

6. CONCLUSIÓN

En el desarrollo de este tema hemos podido ir viendo que la hidrosfera constituye un medio muy importante tanto para la vida como para la dinámica geológica.

El agua ocupa la mayor parte de la superficie terrestre y, además, también se encuentra en la atmósfera, en fase gaseosa. Esto da lugar a un ciclo cerrado del agua con diversos compartimentos y flujos.

La escasez de agua y su contaminación son dos problemas que los tenemos muy al día y a los cuales nos enfrentamos. Ante ellos, se han de generar medidas de corrección apropiadas a cada uno y a cada caso concreto.

Bibliografía útil:

ANGUITA, F. y MORENO, F. (1993) "Procesos geológicos externos y geología ambiental", Ed. Rueda.

FERRERO, J.M. (1975) "Depuración biológica de las aguas", Ed. Alhambra.

LÓPEZ, J.A. y otros (2001) "Las aguas subterráneas, un recurso natural del subsuelo", Ed. del IGME.

MANS, C. (1981) "El agua, cultura y vida", Ed. Salvat.

MAURITS, J.W. (1989) "Los recursos hídricos amenazados", Investigación y Ciencia, noviembre de 1989.

TEMA 13

EL EQUILIBRIO TÉRMICO DEL PLANETA. EL CLIMA Y SU DISTRIBUCIÓN. LOS SISTEMAS MORFOCLIMÁTICOS. GRANDES CAMBIOS CLIMÁTICOS HISTÓRICOS.

0. INTRODUCCIÓN

Este tema nos introducirá en el campo de la climatología: sus factores, los tipos climáticos, su distribución..., así como los cambios climáticos que han tenido lugar a lo largo de la historia. Resulta un tema muy importante, sobre todo en el campo de la biología y la geología, ya que nos explica la existencia de los diferentes modos climáticos y las variaciones que se producen estacionalmente, así como las variaciones en periodos de tiempo más largos.

Es un tema muy amplio, con gran cantidad de conceptos y modos de interpretación, por lo que resultará difícil concentrarlos en unos pocos párrafos sin dejar de tratar uno u otro aspecto. Por ello, intentaremos resaltar los más relevantes.

Para la exposición de los principales conceptos seguiré el siguiente orden...

(es muy conveniente exponer con claridad, aquí al principio, el orden que se va a seguir, leer el índice de una forma ágil)

1. EL EQUILIBRIO TÉRMICO DEL PLANETA

La Tierra irradia hacia el espacio una cantidad de calor aproximadamente igual a la recibida. Por eso, podemos decir que la Tierra es un planeta térmicamente estable. Una proporción muy baja proviene de su interior.

Ahora bien, el calor que llega del Sol no es recibido por la Tierra de manera homogénea, sino que se concentra en las latitudes bajas. En cambio, la radiación que libera la superficie es uniforme en todo el planeta. ¿Cómo se explica este fenómeno? La repuesta la encontramos en los movimientos de las masas de aire y agua, que reparten el calor de las latitudes bajas, más cálidas, hacia las zonas de latitudes más altas, que son más frías.

En cualquier sistema, el calor se puede transmitir por tres procesos, no siendo todos ellos igual de efectivos para distribuir el calor en nuestro planeta. Estos son:

- **Conducción**. Se da en cuerpo que están en contacto, pero es poco importante en meteorología.

- **Radiación**. La radiación electromagnética es la única forma que tiene el calor de viajar en el espacio, y también, la única vía por la que llega la radiación del Sol a la Tierra. Comprende radiaciones con longitudes de onda entre 170 y 400 nm.

- **Convección**. Es la forma más importante de transmitir el calor en nuestro planeta. Consiste en generar movimientos de masas de agua o aire que transportan en su seno el calor.

La atmósfera, además, absorbe de manera selectiva la luz:

- La ionosfera absorbe la radiación de onda corta.
- La ionosfera, la ultravioleta de alta energía.
- La superficie terrestre, la radiación visible.
- Las masas de agua y el CO_2, finalmente, absorben el infrarrojo, que les hace aumentar su temperatura (del agua y de la atmósfera, respectivamente).

En el siguiente esquema se resume la *radiación incidente* que llega a la Tierra:

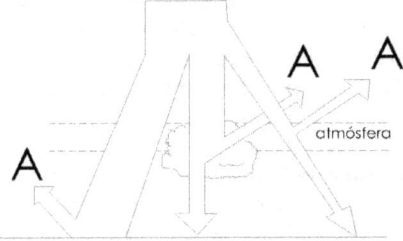

En este otro esquema se muestra la *radiación emitida* por la Tierra:

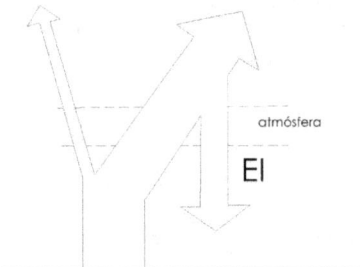

1.1. Parámetros térmicos

Vamos a ver, a continuación, algunos de los principales parámetros utilizados en el estudio térmico del planeta. Son parámetros que afectan, de forma general, a todo el planeta y que son, por tanto, aplicables a cualquier latitud.

- **Constante solar.** Es la cantidad de energía recibida del Sol por unidad de tiempo y de superficie, medida en la parte externa de la atmósfera en un plano perpendicular a la incidencia de los rayos solares. Es, por tanto, una medida constante e igual para todo el planeta.

- **Albedo.** El albedo se define como el *tanto por ciento (%) de la radiación recibida que es reflejada* por las nubes, la superficie terrestre o por la atmósfera, en general. Supone, de media, entre el 30 y el 35% de la radiación total que llega del Sol, pero su valor concreto dependerá de las condiciones atmosféricas de cada momento. Si aumenta el albedo, la temperatura terrestre disminuirá. En la figura anterior se muestran los puntos donde actúa el albedo (A).

- **Efecto invernadero**. Es un fenómeno por el cual, determinados gases que componen la atmósfera, principalmente el dióxido de carbono y el agua, absorben parte de la radiación infrarroja irradiada por la superficie terrestre, provocando así el calentamiento de la atmósfera. En la figura de la radiación emitida por la superficie se puede observar su efecto (EI).

- **Contrarradiación atmosférica**. Se llama así al proceso por el cual parte de la radiación infrarroja que alcanza las nubes es reflejada de nuevo hacia la superficie de la Tierra. Este fenómeno incrementa aún más el efecto invernadero.

Cuando existen cielos despejados y hay poca humedad en la atmósfera, gran parte de la radiación terrestre escapa al exterior produciéndose, sobre todo por las noches, una bajada de temperatura. Esto se produce con mucha frecuencia, por ejemplo, en los desiertos.

1.2. Circulación atmosférica general

(En el tema 11 vienen explicado con más detalle este mismo apartado; aquí haremos referencia solo a algunos de los aspectos más relevantes).

Como hemos visto, la radiación que recibe la Tierra no es homogénea. Por esta razón, podemos diferenciar entre zonas cálidas y zonas frías. Entre ellas se produce un movimiento de masas de aire. El aire que está a ras de suelo se calienta, disminuye su densidad y asciende; al que se encuentra en las capas superiores, por el contrario, se enfría, se hace más denso y desciende. Esto genera **corrientes de convección**.

Debido a la rotación de la Tierra, en las diferentes latitudes los puntos de la superficie terrestre tienen diferente velocidad tangencial, por lo que las corrientes de aire se desplazarán hacia la derecha cuando se desplacen del norte al ecuador o del ecuador al norte. Esto es lo que se conoce como **efecto Coriolis**. La inestabilidad que crea este efecto hace que entre el ecuador y los polos no se cree una sola célula de convección, sino tres, como ya vimos (ver tema 11).

Estas células convectivas producen en superficie una serie de *vientos* característicos de cada latitud, que de sur a norte son (para el hemisferio norte):

4

- En zonas ecuatoriales se encuentra la **zona de calmas ecuatoriales**, también conocida como **zona de convergencia intertropical (ZCIT)**. Es una zona de choque entre los alisios que vienen del norte y los del sur.

- **Alisios**: son vientos del Noreste, que se encuentran entre los 0° y los 30° de latitud.

- **Werterlies**: son viento de poniente (suroeste); se encuentran entre los 30° y 60° de latitud.

- **Levantes polares**: se trata de vientos del noreste y se encuentran entre los 60° y los 90° de latitud.

2. LA METEOROLOGÍA

2.1. Concepto

La **Meteorología** es la ciencia que estudia el estado del tiempo y las leyes que lo rigen.

Es importante distinguir entre *tiempo atmosférico* y *clima*. El **tiempo atmosférico** son el conjunto de fenómenos atmosféricos que se producen en un momento preciso en un lugar determinado. Por el contrario, el clima hace referencia a las condiciones medias durante un largo periodo de tiempo.

2.2. Factores meteorológicos

Los factores meteorológicos son aquéllos parámetros que nos sirven para caracterizar el tiempo meteorológico de un lugar. Generalmente, se estudian tres: *humedad, temperatura y presión atmosférica.*

HUMEDAD

La humedad es la cantidad de vapor de agua que hay en el aire. Se puede expresar de dos formas:

- **Humedad absoluta.** Es la cantidad de vapor de agua que hay presente en el aire. Se expresa en gramos de agua por kilogramo de aire seco (g/kg) o como gramos de agua por unidad de volumen (g/m³). De esta manera, una masa de aire contendrá mayor cantidad de vapor de agua cuanto más caliente esté.

- **Humedad relativa.** Es la cantidad de vapor de agua que puede contener una masa de aire en relación con la máxima que puede llegar a contener sin llegar a condensar. Se expresa en tantos por ciento (%). Es la forma más habitual de expresar la humedad, pues da una idea de lo cerca o lejos que está una masa de aire del **punto de rocío**, es decir, del punto donde se produzca precipitación.

TEMPERATURA

La temperatura es una medida de la cantidad de calor o energía que presenta un cuerpo o sistema, en general. La unidad internacional para medir la temperatura es el grado kelvin (°K), aunque frecuentemente se utilizan otras como el grado centígrado o Celsius (°C). Como factor meteorológico, la temperatura influirá en la densidad de las masas de aire y, por tanto, en sus movimientos verticales. En la troposfera disminuye con la altura, y cuando no lo hace así, estamos en un caso de **inversión térmica**.

PRESIÓN ATMOSFÉRICA

La presión atmosférica se define como la presión que ejerce la columna de aire sobre un punto. En el sistema internacional se mide en newtons por metro cuadrado (N/m²) o en *pascales* (Pa), que es lo mismo. Pero usualmente se suelen utilizar otras medidas como el *milibar* (mb) o la *atmósfera* (atn). La presión normal a nivel de mar es de $1,013 \times 10^5$ Pa, 1013 mb o 1 atm. La presión disminuye con la altura. Por encima de 1013 mb tendremos **altas presiones** o un **anticiclones**, y por debajo **bajas presiones, ciclones** o **borrascas**.

A partir de estos tres factores se puede hacer una predicción del tiempo meteorológico de una zona concreta en un corto plazo de tiempo.

3. EL CLIMA Y SU DISTRIBUCIÓN

3.1. El clima

El **clima**, como hemos visto más arriba, hace referencia a un estado de la atmósfera en un periodo de tiempo más largo que el tiempo atmosférico, hace referencia a una región concreta e incluye las variaciones estacionales del estado de la atmósfera.

A partir de los factores meteorológicos, estudiados en su variación anual, se pueden elaborar climogramas. Un **climograma** es un gráfico en el que se representan las variaciones de precipitación y temperatura anuales en un lugar determinado. Generalmente, se representan valores medios de cada mes del año. Se realiza a partir de la observación de estos datos durante un periodo largo de tiempo (varios años) en la zona de estudio.

3.2. Factores climáticos

Los factores climáticos son una serie de factores que condicionan el clima de cada zona. También condicionarán, por consiguiente, el grado en que se presenten los factores meteorológicos en esa zona. Vamos a ver, a continuación, cuáles van a ser estos factores que van a hacer que en una región haya uno u otro clima.

LATITUD

La latitud es la distancia que hay de un punto al ecuador medida en grados de un ángulo. Por eso, se dice que es la distancia angular medida sobre un meridiano entre la línea ecuatorial y un paralelo dado. La latitud también podría definirse por la cantidad de energía que llega a una zona y por el ángulo de incidencia de los rayos solares. Varía entre 0° y 90° norte o sur. Así, un punto situado sobre el ecuador estará a 0° de latitud, mientras que esté situado en el polo norte estará a 90° de latitud norte.

En función de este parámetro variarán los diferentes cinturones de temperatura de la Tierra, así como la circulación general de los vientos. Será, por estos motivos, el principal factor que nos condicionará el clima de una región.

ALTITUD

La latitud es la longitud vertical de un punto son respecto al nivel medio del mar. Por términos generales, y al igual que pasa en la troposfera, a mayores altitudes menor temperatura. No obstante, en zonas cercanas a los polos encontraremos regímenes de temperaturas fríos a menor altitud que en zonas más cercanas al ecuador.

La altitud modificará el clima de una zona. Así, en zonas ecuatoriales podemos encontrar climas de montaña, con rasgos típicos (temperaturas, precipitaciones, vegetación...) similares a climas más cercanos a los polos.

CONTINENTALIDAD

La continentalidad puede definirse como la acción de los continentes en el clima de una región y, en sobre todo, en su influencia en los regímenes de precipitaciones. En realidad, la continentalidad es la ausencia de la acción del mar en su papel de suavizador del clima.

Los mares y océanos influyen en el clima de dos maneras:

- el agua se enfría y se calienta más lentamente que las rocas de los continentes, por lo que las regiones costeras presentarán menores oscilaciones térmicas y climas más suaves.
- por otra parte, la mayor parte del agua de la atmósfera proviene de los océanos, lo que determinará las condiciones pluviométricas de una zona.

Por consiguiente, zonas que estén lejos del mar tendrán pocas precipitaciones y unas variaciones de temperatura muy fuertes a lo largo del día y del año.

ORIENTACIÓN

La orientación hace referencia a la dirección que toma una ladera de una montaña o cordillera con respecto a la mayor incidencia de los rayos solares (norte o sur, dependiendo del hemisferio donde se encuentren). De esta manera, en una misma zona, pueden existir condiciones climáticas muy diferentes dependiendo de la orientación que se tome.

Por este proceso los vientos, fríos o cálidos, cargados con más o menos agua, verán alterada o anulada su circulación por la acción de zonas montañosas. Este fenómeno afectará a estas mismas zonas, o bien a zonas más alejadas que se verán privadas de precipitaciones. De esta manera, podremos diferenciar sub-climas dentro de un clima más general en lugares pocos distantes.

Finalmente, respecto a estos cuatro factores en general, cabe decir que, como el clima es estacional, se producirá un desplazamiento en latitud de estos fenómenos a lo largo del año, que dará lugar a las distintas estaciones climáticas.

3.2. Estaciones, solsticios, equinoccios

La inclinación de la Tierra junto al proceso de traslación condiciona la radiación que llega a las diferentes latitudes de la Tierra y, en consecuencia, el clima. La cantidad de superficie que queda iluminada por el Sol en cada hemisferio es diferente a lo largo del año. Como consecuencia de esto se forman las **estaciones climáticas**. Éstas tienen se caracterizan, entre otras cosas, por la diferente duración del día y la noche a lo largo del año.

Durante los **equinoccios**, la luz llega perpendicularmente al ecuador, y las horas de iluminación del día coinciden con las horas de oscuridad de la noche. En los **solsticios** de verano y de invierno, por el contrario, la luz incide perpendicularmente a 23,5° de latitud norte o sur, respectivamente. Por esta razón, la duración del día es la más larga del año y la noche la más corta en el *solsticio de verano*; y en *solsticio de invierno*, por contraposición, la duración de la noche es la mayor del año y la del día la menor.

Las variaciones de iluminación y energía son menores cerca de los trópicos a lo largo del año, pero van aumentando hacia latitudes mayores. Es por este motivo que existe una zonación climática desde el ecuador a los polos.

3.3. La distribución de los climas

Los grandes tipos de climas que podemos encontrar en la Tierra se podrían agrupar en tres grandes grupos según la latitud donde se encuentren:

Climas de latitudes altas

En general, son conocidos también como **climas polares**. Están presentes en latitudes altas (60° - 90°). Se caracterizan por la existencia de anticiclones de alta duración acompañados, en ocasiones de fuertes vientos. Las precipitaciones son bajas, casi siempre menores de 250 mm anuales. Algunos autores hablan de zonas desérticas frías. Se pueden diferenciar dos tipos:

- Clima glaciar: sería la versión más acusada de los climas polares, con bajas precipitaciones y un régimen de temperaturas que rara vez supera los 0°C. Suelen presentar, por esta razón, nieves permanentes.

- Clima periglacial: presenta unas condiciones menos extremas que el anterior, con un máximo de precipitaciones en el periodo estival. La temperatura supera los 0°C, pero rara vez rebasa los 10°C. No obstante, esta variación de temperatura permite la descongelación del hielo, dando lugar a periodos periglaciales característicos, como veremos más adelante.

Climas de latitudes medias

Se encuentran entre los 30° y 60° de latitud norte y sur. Estos climas presentan una dinámica compleja, con una gran oscilación estacional de los factores meteorológicos. En estas zonas se enfrentan los levantes polares y los westerlies del sur, lo que genera un cinturón de borrascas que oscilan de norte a sur según las estaciones. Éstas suelen generarse en el mar y penetrar después en los continentes, provocando una alta humedad atmosférica. La posición de los continentes, la cercanía o no de costa (continentalidad) y la posición de ésta (este u oeste) influirá en gran medida en las condiciones atmosféricas de cada longitud. Son los **climas templados**, así se conocen comúnmente. Podemos distinguir 4 tipos:

- Clima templado-húmedo: también se conoce con el nombre de **clima oceánico**. Se encuentra en las costas occidentales e los continentes que se hallen en estas latitudes, que es por donde penetran las borrascas. Las oscilaciones de humedad y temperatura son pequeñas a lo largo del año.

- Clima templado-continental: se da en el interior de los continentes. Son zonas aisladas de la llegada de las borrascas. A esta oclusión ayuda la presencia de grandes cadenas montañosas. Hay un gran contraste de temperaturas: los inviernos son fríos, mientras que los vernos son muy cálidos, con frecuencia de precipitaciones originadas por procesos convectivos.

- Clima húmedo de costa oriental: se da en costas situadas en el este de los continentes de estas latitudes, como China. Las borrascas se producen por la interacción de dos anticiclones: uno frío del continente y otro cálido del océano, que desplazan al anticiclón continental que generaba sequía y calor, y se producen abundantes precipitaciones de tipo convectivo. Existen fuertes oscilaciones térmicas y pluviosidad durante todo el año.

- Clima mediterráneo: está localizado justo por encima del cinturón de anticiclones subtropicales (situados a unos 30°) de latitud, que en verano impiden las precipitaciones; éstas, si se producen, suelen ser de tipo convectivo. Este cinturón se retira se retira hacia el sur en invierno por lo que penetran borrascas que producen precipitaciones. Las oscilaciones térmicas y pluviométricas entre invierno y verano son grandes, aunque estas vienen suavizadas en las zonas cercanas a la costa.

Climas de latitudes bajas (intertropicales)

Se encuentran entre los 0° y 30° de latitud. En el globo terráqueo, se encuentran limitados por los dos cinturones de anticiclones, de los que parten los alisios que confluyen en la ZCIT (de ahí el nombre que reciben de intertropicales). Estas zonas reciben la máxima insolación, pero también la máxima humedad y pluviosidad si se encuentran cerca del ecuador. Por el contrario, son también las zonas más secas del planeta, con máximos de sequedad y aridez; esto se da en lugares cercanos a los trópicos. Podemos diferenciar tres tipos de climas:

- Clima ecuatorial húmedo: se encuentra en la confluencia de los alisios, que al ser semejantes no chocan sino que se mezclan suavemente y se forman las **calmas ecuatoriales**. La elevada insolación que existe en estas zonas provoca la elevación de los vientos, lo que provoca precipitaciones cada día.

- Clima tropical húmedo-seco: es típico de zonas contiguas al ecuador y se produce por un ligero desplazamiento del la ZCIT hacia el norte, lo que genera lluvias importantes cada seis meses. En ciertos continentes, como el sureste de Asia, a los cuales les correspondería un clima más bien seco y árido, llegan unos vientos frescos y húmedos oceánicos que penetran en los continentes, recalentándolos y dando lugar a lluvias intensas durante la estación húmeda. Es lo que se conoce como los **monzones**.

- Clima árido y subárido: se encuentran en zonas anticiclónicas, lejos de la ZCIT. Las precipitaciones a lo largo del año son prácticamente inexistentes a lo largo del año (si hay son producidas bien por borrascas esporádicas que pudieran entrar en estas zonas, bien por origen convectivo). Las oscilaciones térmicas anuales y diarias (día-noche) son muy acusadas.

4. LOS SISTEMAS MORFOCLIMÁTICOS

Un **sistema morfoclimático** es una zona del planeta que posee formas de relieve características debidas a los factores climáticos que se dan en ella. El clima es, por lo tanto, lo que más influirá en el relieve de una región, por encima de los factores litológicos y estructurales. Por este motivo, pueden aparecer formas de relieve similares en lugares geográficos distantes entre ellos si poseen el mismo clima.

En la siguiente tabla se resumen los principales sistemas morfoclimáticos, señalando, entre otras cosas, los *procesos geomorfológicos* predominantes, las *formas de erosión* y las *formas de depósito*.

SISTEMA MORFOCLIMÁTICO	CLIMA	MODELADO	FORMAS DE EROSIÓN	FORMAS DE DEPÓSITO
GLACIAR	Polar y de alta montaña	Glacial	Valles en U, circos, lagos, horns, rocas aborregadas, aristas, estrías	morrenas, bloques erráticos
PERIGLACIAR	Polar y de alta montaña	Periglacial y fenómenos de ladera	Suelos poligonales, hierba almohadillada	Glaciares rocosos
TEMPLADO	Oceánico, continental y mediterráneo	Fluviotorrencial, fenómenos de pendiente y karstico	Valles en V, gargantas, meandros, dolinas, lapiaz, cuevas...	Deltas, estuarios, terrazas, planes aluviales, meandros, estalactitas...
INTERTROPICAL	Cálido ecuatorial y tropical	Fluviotorrencial y kárstico	pan de azúcar, torres	Depósitos de rocas alteradas
SEMIÁRIDO Y ÁRIDO	Desértico y semidesértico	Fluviotorrencial y eólico	Barrancos, cárcavas, rocas fungiformes, alvéolos...	Dunas, loess...

4.1. Sistema morfoclimático glaciar

Este sistema morfoclimático se caracteriza por las bajas temperaturas, que rara vez superan los 0°C. Se da en latitudes altas y en zonas montañosas, en los climas polar y de alta montaña, respectivamente.

El agente externo que predomina es el hielo, que forma los glaciares. Las principales *formas de erosión* que se encuentran son los valles en U, circos glaciares, lagos sobreescavados o ibones, horns, aristas, rocas aborregadas y estrías. Las *formas típicas de depósito* son las morrenas, bloques erráticos, *drumlins*, *eskers* y *kames*.

En algunos lugares observamos algunas de estas formas heredadas de periodos en los que hacía más frío y nos dan una idea de la existencia de glaciares en esas zonas, actualmente más cálidas. Éstas reciben el nombre de **formas relictas**.

4.2. Sistema morfoclimático periglaciar

Este dominio aparece en zonas frías que suelen rodear a las anteriores. La temperatura supera los 0°C durante una parte del año, pero raramente pasa los 10°C. Se encuentra en climas de alta montaña y subpolar.

El agente externo es el agua bien en estado líquido, bien sólida. El hielo rope las rocas por proceso de hielo-deshielo, o **gelivación**. El agua mediante ríos, aguas salvajes, torrentes... También intervienen lo que se conoce como **fenómenos de ladera**. En estos interviene tanto el agua como la *gravedad*. Algunos de los más representativos son las coladas de barro, la reptación, la solifluxión, los desprendimientos y las avalanchas

Las formas del relieve que se observan en estos lugares son los *suelos poligonales*, *cuñas de piedra* y la *hierba almohadillada*.

4.3. Sistema morfoclimático templado

Este sistema morfoclimático se sitúa entre los paralelos 30° y 60°. Se caracteriza por presentar el agua líquida como el principal agente externo. Incluye lo climas oceánico, continental y mediterráneo.

Los procesos más importantes que tienen lugar son los fluviotorrenciales (que incluye los fenómenos cársticos) y los fenómenos de ladera. Entre los primeros, destacamos los ríos, torrentes, aguas salvajes y subterráneas. Los segundos incluyen procesos como la reptación, desprendimientos, avalanchas de piedras..., ya vistos.

Las formas de erosión y depósito más típicas son los valles en V, las gargantas, meandros, deltas, estuarios, terrazas, llanuras aluviales, formas endo y exokársticas, entre otros.

4.4. Sistema morfoclimático intertropical

Este sistema se sitúa entre los 0° y 20° de latitud norte y sur. Tienen como principales características la alta pluviosidad (entre 1500 y 2000 mm al año) y elevadas temperaturas (alrededor de los 25°C) sin apenas oscilación. Incluye los climas tropical y ecuatorial.

Como procesos externos más importantes, están los fluviotorrenciales, los de ladera y los kársticos. Debido a la alta temperatura, existe una alta meteorización química y biológica. Los suelos son pobres debido a la alta pluviosidad, que arrastra los nutrientes hacia las capas inferiores.

Como formas de erosión y depósito típicas (aparte de las generales propias de los procesos fluviotorrenciales) encontramos los panes de azúcar, caparazones y costras ferralíticas, lateritas y medias naranjas como más representativos.

4.5. Sistema morfoclimático semiárido y árido

Este sistema morfoclimático se encuentra entre los paralelos 20° y 30°, justamente sobre los trópicos de cáncer y capricornio. Éstas son zonas de cinturones de anticiclones, con descenso de aire seco, lo que genera poca precipitación (alrededor de 250 mm al año) y, por consiguiente, una gran sequía. Según la precipitación, se puede distinguir dos zonas, una *semiárida* (más de 250 mm) y otra más *árida* (menos de 250 mm).

El agente externo más importante es el *viento*, cuya acción viene favorecida por la escasa o nula vegetación y humedad ambiental. En ocasiones, también pueden ser importantes las aguas salvajes en las épocas de lluvia, que transcurren por unos valles estrechos y poco profundos llamados *uadis*.

Las formas de erosión típicas son los montes-isla, las tablas y cerros testigo, los desiertos de piedras o *reg*, etc. Las formas de depósito más comunes son los *badlands* (zonas con cárcavas muy abruptas y poca vegetación), los desiertos de arena o *erg* y los depósitos de loess (sedimentos finos formados por limos y arcillas).

5. CAMBIOS CLIMÁTICOS HISTÓRICOS

Actualmente, gozamos de unas condiciones climáticas determinadas que van variando, como hemos visto, según la latitud y otros factores propios de cada zona. No obstante, esto no siempre ha sido así. En el pasado, el clima del planeta ha sido, en más de una ocasión, sustancialmente diferente al actual, bien más frío o más cálido. A partir del estudio minucioso de las características el terreno se puede saber los episodios climáticos por los que ha pasado un lugar.

5.1. Indicadores climáticos

En las distintas zonas climáticas de nuestro planeta aparecen formas de relieve generadas bajo climas distintos a los actuales. Estas estructuras nos sirven para saber los climas que ha habido en una región en el pasado y, por ellos, se llaman, **indicadores paleoclimáticos**.

5.2. El clima en el pasado

El clima ha sufrido variaciones a lo largo del tiempo. Podemos encontrar oscilaciones en la temperatura media del planeta de varios millones de años de duración. Hablamos de **glaciaciones**, para referirnos a periodos en los que la temperatura media de la Tierra ha bajado considerablemente, generando importantes cantidades de hielo en los polos y continentes y disminuyendo, como consecuencia, el nivel de los mares y océanos. En una glaciación, la temperatura puede bajar hasta 6°C, el polvo atmosférico aumentar hasta 5 veces y el dióxido de carbono disminuir un 20%.

Por el contrario, encontramos épocas más cálidas entre glaciaciones que se conocen como **periodos interglaciales**, con temperaturas más cálidas y niveles del mar superiores. No obstante, cuando se habla de glaciaciones, generalmente y si no se especifica, se hace referencia a las del Cuaternario, por ser las más recientes y mejor conocidas, aunque este concepto también se extrapola al resto de glaciaciones que ha habido sobre el planeta.

En la tabla de abajo se detallan las glaciaciones mejor datadas que han tenido lugar en nuestro planeta.

GLACIACIÓN	ANTIGÜEDAD
Würm	80.000 años
Riss	200.000 años
Mindel	580.000 años
Günz	1,1 m.a.
Donau	1,8 m.a.
Biber	2,5 m.a.
Oligoceno	37 m.a.
Paleógeno	80 m.a.
Permocarbonífera	295 m.a.
Carbonívero	350 m.a.
Ordovícico	440 m.a.
Precámbrico	700 m.a.
Arcaico	2.000 m.a.

Para explicar todas estas variaciones climáticas se utilizan una serie de parámetros, el estudio de cada uno de los cuáles nos proporcionarás las pistas para averiguar las posibles causas que dan lugar a éstos fenómenos.

$$A = G - E$$

$$G = Q(1-\alpha)$$

Donde:
   A = calor almacenado por la Tierra
   G = calor recibido
   E = calor emitido
   Q = calor emitido por el Sol (constante solar)
   α = albedo (oscila entre 0 y 1)

La Tierra se enfría por la disminución del calor almacenado dentro de ella (A), lo que puede deberse a:

   a) Disminución del calor recibido (G).
   b) Aumento del calor emitido (E).
   c) Disminución del calor emitido por el Sol (Q).
   d) Aumento del albedo (α).

Basándose en estas cuatro posibilidades se han propuesto una gran cantidad de hipótesis para explicar las glaciaciones. Éstas se podrían agrupar en dos tendencias:

Hipótesis solares

Se basan en la alteración de la emisión de calor por parte del Sol (variación de la constante solar, Q). Así, el Sol podría experimentar altibajos en la producción de energía, o bien podríamos recibir menor radiación al tener que atravesar alguna nube de polvo interestelar.

Hipótesis terrestres

Se fundamentan en la variación del calor emitido/recibido por la Tierra y en la alteración del albedo. Se basan en diferentes fenómenos:

- **Distribución de los continentes**. los continentes tienen mayor albedo y son mejores conductores del calor que los mares, por lo que se enfriarían antes. Un continente sobre un polo será un buen punto de partida para una glaciación.

- **Circulación oceánica global**. cuando algún continente bloquea las corrientes ecuatoriales, se fuerza la aparición de corrientes circumpolares. Esto aislaría a los continente que estén cerca de los polos y propiciaría el inicio de una glaciación sobre ellos.

- **Épocas orogénicas**. la mayor altitud de los continentes favorecerá la formación de glaciares, que enfriarán la atmósfera por poseer un mayor albedo. Además, la colisión de grandes masas de tierra crearía un clima más estacional con inviernos más fríos y una mayor acumulación de nieve.

- **Vulcanismo**. una intensa actividad volcánica inyectaría a la atmósfera una gran cantidad de polvo, lo que aumentaría el albedo y, por tanto, disminuiría la temperatura de la Tierra.

- **Hipótesis del efecto anti-invernadero**. una disminución del dióxido de carbono atmosférico favorecería una glaciación. Esta pudo ser la causa de la formación de los primeros glaciares, en el precámbrico, cuando los organismos fotosintéticos comenzaron a ser abundantes y a utilizar el CO_2 atmosférico en grandes cantidades, disminuyendo su concentración.

Estas hipótesis explican muchas de las glaciaciones que ha habido sobre la Tierra, sobre todo las más actuales, y se correlacionan bastante bien con los datos obtenidos en el campo. Pero hay otras que quedan aún sin explicar. En los años 30, Milankovitch propuso su teoría para explicar estos cambios basada en las relaciones entre parámetros orbitarios de la Tierra. En concreto, utilizó tres parámetros con diferentes tiempos de recurrencia:

- **Cambios en la excentricidad de la órbita**. La órbita puede ser más circular o más elíptica. Si es elíptica, habrá un momento en que la Tierra estará muy alejada del Sol, con lo que recibirá menor radiación. Tiene un periodo de recurrencia de unos 110.000 años.

- **Cambios en la oblicuidad del eje de rotación**. Cuando más inclinado esté el eje de rotación, mayor contraste de temperaturas habrá durante el año. El periodo de recurrencia es de unos 40.000 años.

- **Precesión orbital**. En una órbita elíptica, hace referencia al lugar de esta órbita en que el que uno de los polos está inclinada hacia el Sol; no es lo mismo que esto lo haga en la zona más cercana al Sol que la más alejada. Periodo de recurrencia de entre 18.000 y 23.000 años.

Estas variaciones, sumadas, dan lugar a una curva de variación de la temperatura que definen algunos de los periodos glaciares e interglaciares que ha sufrido la Tierra.

Finalmente, cabe decir que dentro de los grandes periodos glaciales e interglaciales, han existido variaciones menores de la temperatura, en ocasiones más localizadas, que son debidas a factores diversos más puntuales y de menor duración como la entrada en erupción de grandes volcanes, la alteración de alguna corriente oceánica menos importante, el desprendimiento de grandes icebergs que enfrían mares más alejados, etc.

5.3. El clima en el futuro

¿Cuándo será la próxima glaciación? Según la teoría de Milankovitch, se alcanzará el primer mínimo térmico en unos 4.000 o 5.000 años; posteriormente, la Tierra quedará inmersa en un frío intenso durante los próximos 100.000 años.

¿Puede influir el hombre de forma considerable en el clima futuro? Ciertamente, desde la Revolución industrial, la cantidad de CO_2 atmosférico ha aumentado considerablemente, y también lo ha hecho así la temperatura media del planeta. Se prevé que para el 2.100 la temperatura aumente de 2 a 10°C. Algunas consecuencias de la subida de temperatura será el aumento de los niveles del mar, disminución de las precipitaciones pero aumento de su fuerza en intensidad (concentradas en poco tiempo), aumento del tamaño de los desiertos, etc.

Ante estas ideas más "catastrofistas", surgen otras menos alarmantes y más esperanzadoras. Este es el caso de la **hipótesis de Gaia**, elaborada por el famoso James Lovelock. Según esta teoría, la Tierra se ha de considerar como un sistema homeostático que es capaz de amortiguar desequilibrios y autorregularse.

6. CONCLUSIÓN

En este tema hemos podido ver que la radiación que la Tierra recibe no lo hace homogéneamente. Por el contrario, en diferentes latitudes observamos que estas diferencias dan lugar a diferentes zonas climáticas, con regímenes de temperaturas y precipitaciones que las caracterizan.

Así pues, esto generará unos sistemas geomorfológicos propios, con estructuras y procesos que modelarán el relieve de una forma concreta y característica de cada zona.

Por otra parte, hemos de tener también en cuenta que el clima no se ha mantenido constante a lo largo del tiempo, sino que más bien ha sufrido variaciones. En ocasiones, estas oscilaciones han dado lugar a acumulaciones importantes de hielo que han dado lugar a los periodos glaciares.

Bibliografía útil:

ANGUITA, F. y MORENO, F. (1993) "Procesos geológicos externos y geología ambiental", Ed. Rueda.

AGUEDA, J. y otros (1983) "Geología", Ed. Rueda.

AMOROS, J.L. y otros (1991) "Geología", Ed. Anaya.

CASAS, M.C. y ALARCÓN, M. (1999) "Meteorología y clima", Ediciones UPC.

GUTIÉRREZ, M. (2001) "Geomorfología climática", Ed. Omega.

TOHARIA, M. (1984) "Tiempo y clima", Ed. Salvat.

STRAHLER, A. (1997) "Geología física", Ed. Omega.

TEMA 14

GEOMORFOLOGÍA. LOS FACTORES
CONDICIONANTES DEL MODELADO DEL
RELIEVE. LA IMPORTANCIA DE LA LITOLOGÍA
Y LAS ESTRUCTURAS GEOLÓGICAS.

0. INTRODUCCIÓN

En este tema nos centraremos en el modelado del paisaje de la superficie terrestre, los factores que lo causan y cómo afecta el origen litológico y la estructura del sustrato en la conformación final del relieve.

Teniendo en cuenta la gran cantidad de estructuras geológicas existentes, las condiciones ambientales que se pueden dar, los distintos agentes geológicos que existen... surge una gran cantidad de paisajes y formas difíciles de resumir en el espacio y tiempo que disponemos...

Por otra parte, cabe decir también que esta rama de la Geología es de suma importancia, pues nos explica el origen de los diferentes paisajes que encontramos sobre la Tierra y nos ayuda a ordenar el territorio para las diferentes actividades que queramos llevar a cabo, así como para prevenir posibles riesgos naturales.

Para la exposición de este tema seguiré el siguiente orden...

(es muy conveniente exponer con claridad, aquí al principio, el orden que se va a seguir, leer el índice de una forma ágil)

1. LA GEOMORFOLOGÍA

1.1. Concepto y origen. Geomorfogénesis

La **Geomorfología** es la ciencia que estudia las formas del relieve, así como los agentes que las han causado en un proceso dinámico a lo largo del tiempo. Esta disciplina estudia aspectos como los fenómenos atmosféricos, geológicos y bióticos, la geografía, la dinámica interna de la Tierra, etc.

Surge a finales del siglo XIX como a partir de la Geografía de las manos de William M. Davis, quien ideó una teoría sobre la formación y destrucción del relieve a través de procesos externos, lo que llamó *ciclo geográfico*. Esta concepción sobre el origen del relieve se enfrentaba a las ideas creacionistas de la época.

La **geomorfogénesis** viene a ser la formación del relieve en sí. Como veremos más adelante, la modelación de la superficie del planeta dependerá de factores tanto externos como internos, así como la influencia climática y la naturaleza química y física de la roca. Éstas se irán transformando y modelando por medio de procesos físicos y químicos, que serán de diferentes tipos y tendrán una influencia diferente según la zona climática del planeta donde nos encontremos.

1.2. Aplicaciones de la Geomorfología

La **Geomorfología dinámica** centra su estudio en la explicación de las causas e interrelaciones entre las formas que encontramos en el paisaje y los procesos que las han originado. La **Geomorfología aplicada** usa la capacidad predictiva de esta ciencia en campos como la planificación urbanística, obras urbanas, vías de comunicación, construcción de puertos, playas..., realizados a partir del conocimiento de los procesos externos e internos y aplicados a la predicción de riesgos naturales. La **Geomorfología estructural** estudia aspectos más teóricos como la influencia de la estructura y de la vegetación en la formación del relieve, así como la influencia en el relieve de la dinámica interna de la Tierra (pliegues, fallas...).

2. FACTORES QUE CONDICIONAN EL MODELADO DEL RELIEVE

2.1. Agentes geológicos externos

Los **agentes externos** son aquéllos que son capaces de producir cambios sobre los materiales geológicos. Los más importantes son el **agua**, en sus tres estados (sólida, líquida y gaseosa), el **viento**, los **cambios de temperatura**, los **gases** y los **seres vivos**.

La importancia que uno u otro pueda tener dependerá, en última instancia, del clima. El agua, por ejemplo, estará en estado sólido en zonas polares y de alta montaña, y generará un tipo de relieve característico. En zonas templadas, por ejemplo, estará en estado líquido y formará otro tipo de relieve, también característico.

La acción de estos agentes es lenta pero constante. Esta constancia es lo que se ha tardado tanto tiempo en descubrir, pero es la prueba de su acción sobre las rocas que se remonta en el tiempo atrás.

2.2. La energía

Los diferentes agentes no se mueven por sí solos (a excepción de los bióticos), sino que necesitan una fuente de energía que los impulse. Las fuentes de energía de estos agentes son, básicamente, tres:

- **La radiación solar.** Es la fuente más importante de energía que mueve los agentes externos. Nos llega del Sol de manera constante, pero debido a la inclinación del eje de la Tierra, ésta no la recibe de manera homogénea. Esta energía produce la evaporación del agua, el movimiento de las masas de aire y de agua y, lo más importante, da lugar a los distintos climas que existen sobre la Tierra.

- **La atracción de la Luna y el Sol.** La Luna por estar cerca de la Tierra y el Sol por ser un astro de gran tamaño, ejercen una atracción gravitatoria sobre la Tierra y todo lo que hay sobre ella. Entre otras cosas, atrae las grandes masas de agua, lo que da lugar al fenómeno de las **mareas**.

- **La gravedad de la Tierra.** Siguiendo las leyes de Newton, todo cuerpo con masa ejerce una atracción hacia él de otros cuerpos; cuanto mayor sea la masa de este cuerpo, tanto mayor será esta atracción o gravedad. De este modo, la Tierra ejerce una atracción sobre los cuerpos que hay en su superficie. Esto dará lugar a un agente importante que explicará ciertos fenómenos geológicos.

2.3. Acción de los agentes externos

Los diferentes agentes externos ejercen cuatro acciones esenciales sobre el medio externo que son, en orden, la meteorización, erosión, transporte y sedimentación.

METEORIZACIÓN

La **meteorización** es la alteración y rotura de una roca por medios físicos o químicos, *sin* que los fragmentos resultantes sufran un desplazamiento. Se distinguen dos tipos:

- **Meteorización física o mecánica.** Consiste en romper la roca por medio de procesos *físicos*. Los fragmentos resultantes tienen la misma composición química que la roca original. Los principales procesos por los que se origina esta meteorización son:
  - **Termoclastia.** Es la rotura de las rocas por procesos de calentamientos y enfriamientos sucesivos de la roca, que la dilatan y contraen hasta que se rompe en fragmentos. Esto pasa con frecuencia, en lugares con grandes variaciones de temperatura entre el día y la noche, como es el caso de los desiertos.
  - **Gelifracción.** Consiste en la fractura por medio del hielo, que se inserta en las grietas en forma de agua y, al congelarse, se expande y rompe la roca.
  - **Haloclastia.** Es un caso similar al anterior pero por la acción de las sales, que vienen disueltas en el agua, y cuando ésta entra en grietas y se evapora, las sales solidifican, se expanden y la acaban rompiendo.
  - **Acción de los seres vivos.** Los animales y plantas también pueden alterar las rocas por medio de sus raíces o bien excavando galerías en el terreno.
  - **Descompresión.** En ocasiones, rocas que han estado a altas presiones, cuando llegan al medio externo con poca presión, se descomprimen y se fracturan.

- **Meteorización química.** Consiste en romper la roca por medio de procesos *químicos*. Las rocas resultantes de esta descomposición química presentan una composición diferente a la roca original. Este tipo de meteorización siempre tiene lugar en presencia de agua. Se pueden distinguir varios procesos:

4

- **Hidrólisis**. Se trata de la rotura de minerales, principalmente silicatos, por la incorporación de moléculas de agua.
- **Disolución.** En sentido estricto, se da en rocas salinas compuestas, principalmente, por cloruros. No obstante, la carbonatación también podría considerarse un tipo de disolución.
- **Carbonatación**. Es un caso de disolución en el que el ión carbonato (generado a partir del dióxido de carbono presente en el agua) disgrega el carbonato cálcico de las rocas calcáreas, formando compuestos solubles que son arrastrados por el agua.
- **Oxidación**. Consiste en la reacción del oxígeno con iones bivalanetes, como los del hierro o magnesio, que son insolubles en forma reducida, pero cuando se oxidan se solubilizan y pierden con el agua.
- **Hidratación**. Existen materiales, como los de origen arcilloso, que incorporan fácilmente moléculas de agua en su interior, con lo que aumenta su volumen y se hacen fácilmente disgregables.

EROSIÓN

La **erosión** consiste en el desgaste de las rocas. Se lleva a cabo por el viento, el agua, el hielo... que arrastran las partículas de la roca una vez meteorizada. Como resultado se generan las **formas de erosión** que serán típicas de cada clima. Aunque es sustancialmente diferente al transporte, siempre está asociada e implica un transporte de los fragmentos erosionados.

TRANSPORTE

El **transporte** es el desplazamiento de los fragmentos erosionados, por los mismos agentes que erosionan, hacia otras zonas, que pueden estar más o menos lejanas de las zonas de origen. El transporte viene después de la erosión, e implica una sedimentación final de las partículas transportadas.

SEDIMENTACIÓN

La **sedimentación** es el último de estos procesos, y cosiste en la deposición de los fragmentos transportados en las **cuencas sedimentarias**. Ésta se produce cuando el agente de transporte pierde fuerza a causa de la falta de energía. Los materiales que se depositan se llaman **sedimentos**, y las formas que generan reciben el nombre de **formas de sedimentación o de depósito**.

2.3. Procesos geomorfológicos

(muchos de los aspectos que veremos en este apartado se verán con mayor detenimiento en los temas específicos de cada tipo de proceso de modelado).

En este apartado veremos cómo, la combinación de los diferentes agentes que hemos visto en los diversos climas de nuestro planeta, generan procesos, formas de erosión y de depósito característicos. La mayoría están asociados al clima pero, no obstante, habrá otros que no dependerán tanto del clima y los encontraremos en varios de ellos, como es el caso de los procesos producidos por la *gravedad*.

PROCESOS FLUVIOTORRENCIALES

Los procesos fluviotorrenciales incluyen los fenómenos asociados con las aguas superficiales, como los ríos, pero también podríamos incluir aquí el modelado kárstico. No obstante, veremos solamente los primeros, y éste último lo dejaremos para cuando tratemos el punto de la litología y las estructuras, pues también tiene mucho que ver con ellas.

El agente principal de estas zonas es el **agua** líquida, que la podemos encontrar formando *aguas salvajes* y *ríos*.

Las **aguas salvajes** son aquéllas que circulan sin un cauce fijo, y provienen directamente del agua que cae de la lluvia. Permanecerá más o menos tiempo sin un cauce fijo dependiendo de la capacidad de absorción del terreno y de la existencia o no de vegetación. Las formas de erosión más características que generan son las cárcavas, *barrancos, chimenea de hadas* y *torrentes*.

Los **ríos**, al contrario que las anteriores, son corrientes de aguas continuas, que llevan agua durante todo el año, aunque pueden sufrir oscilaciones de volumen según las estaciones o épocas de lluvias. Los ríos recogen las aguas salvajes y las canalizan por medio de **redes de drenaje**; la unión de todos los ramales de un río forma la **cuenca hidrográfica**, que lleva el agua de una zona hasta el mar. Según el mar u océano donde desemboque un río se pueden distinguir diferentes **vertientes** (atlántica, mediterránea...).

Presentan formas de erosión y de depósito características. Entre las *formas de erosión* destacamos los *valles fluviales*, las *gargantas* y *congostos, cascadas* y *cataratas* y *meandros*.

En las zonas próximas a la desembocadura, donde la pendiente es menor y, por tanto, el agua ha perdido fuerza, se formarán las estructuras típicas de depósito, como las *terrazas*, las *llanuras aluviales*, los *deltas* y los *estuarios*.

PROCESOS EÓLICOS

En este tipo de ambientes, el agente principal es el **viento**, que actúa en ambientes áridos y semiáridos. Actúa, principalmente, sobre materiales sueltos y de pequeño tamaño, cuando hay poca humedad y poca vegetación. En los ambientes marinos, el viento también provoca las olas, las tormentas y las corrientes, e influye decisivamente en el clima. En cada lugar, las consecuencias sobre el paisaje serán distintas y características.

Entre las formas de erosión y depósito más características de las zonas secas encontramos las *dunas*, que forman *desierto de arena*, los *desiertos de piedra*, *rocas fungiformes*, montes-isla y los *depósitos de loess*.

PROCESOS GLACIARES Y PERIGLACIALES

Aunque hoy día están prácticamente restringidos a las zonas polares y de alta montaña (a partir de los 5.000 m. en zonas cercanas al ecuador), los glaciares tuvieron gran importancia durante las épocas glaciares. De hecho, hoy día vemos en muchas zonas templadas restos de su intensa actividad que tuvo lugar en el pasado. El hielo de los glaciares se origina a partir de la nieve que se va acumulando y perdiendo el aire intersticial, formando cristales cada vez mayores.

El **flujo glacial** se produce a favor de la pendiente por la acción conjunta de varios procesos:

- La suma de los movimientos de deslizamiento entre los diferentes cristales.
- La deformación cristalina.
- La fusión y re-hielo del agua del glaciar.

Este flujo también puede producirse, no obstante, en terrenos llanos e, incluso, en dirección opuesta a la pendiente, y esto se debe al empuje continuo que recibe de las masas de hielo que se encuentra en cotas superiores. Su velocidad depende cada glaciar (de la pendiente donde se encuentren, del régimen de precipitaciones...), oscilando de pocos metros a varios kilómetros al año.

La **acción erosiva** de los glaciares se lleva a cabo por dos mecanismos básicos:

- **Abrasión**. Es el roce de los fragmentos rocosos que transporta el glaciar, y del propio hielo, contra las rocas por donde circula.

7

- **Arranque**. Consiste en extraer fragmentos y bloques del sustrato por el que se desplaza el glaciar.

El resultado de la acción glaciar es la formación de formas de erosión y depósito características como las *morrenas*, los *valles en U*, *estrías* en las rocas, *rocas aborregadas*, *lagos glaciales* sobreescavados, *horns*, *drumlins*, etc.

Por otra parte, en zonas donde el hielo se llega a derretir en la estación cálida, se dan procesos típicos llamados **procesos periglaciales**. En estas zonas, existe una parte del suelo que permanece congelada durante todo el año, llamada **permafrost**, y otra superior que se descongela en la época cálida, llamada **mollisuelo**. En estas zonas encontramos formas de erosión y depósito típicas como el *césped almohadillado*, los *pingos*, los *suelos poligonales* y las *cuñas de piedra*.

FENÓMENOS DE LADERA

Bajo este nombre se engloba una gran variedad de procesos que se encuentran ampliamente repartidos por toda la superficie terrestre y están presentes en todos los climas. Se producen en terrenos inclinados (como las laderas de montañas) y obedecen a la gravedad. La diferencias básica entre unos y otros radica en la cantidad y estado del agua que contienen. Veamos los más importantes:

- **Coladas de barro**. Se trata de flujos que se producen sobre materiales, normalmente finos, con abundante agua y sobre pendientes moderadas. Estas masas de agua y partículas sólidas se ponen en movimiento por algún tipo de vibración brusca que hacer que el material pierda la cohesión que lo unía. Pueden llegar a alcanzar altas velocidades cuando las pendientes son muy pronunciadas.

- **Avalanchas**. Son un flujo turbulento o caótico de material rocoso de diferente diámetro y con poca cantidad de agua. Son típicas de zonas montañosas. Los **aludes** son similares pero en ellos interviene hielo y nieve, pero también rocas y materia vegetal.

- **Deslizamientos**. Son movimientos en los que existe una superficie de despegue entre el material que se mueve y la superficie sobre la que lo hace. Es típico de medios sólidos. Se inician cuando la fuerza de cizallamiento es mayor que la de rozamiento. Es más frecuente que se produzcan en épocas de lluvia, pues el agua disminuye el coeficiente de rozamiento.

- **Reptación**. Se trata del efecto sumatorio de los desplazamientos de los mantos de alteración a favor de la pendiente. Se producen cuando la capa superior del suelo se congela y se hincha en dirección perpendicular a la superficie del terreno. Cuando se descongela, el terreno se "deshincha" y vuelve a caer, pero ahora según la vertical. Esto produce un movimiento lento pero constante de la capa superior del terreno en favor de la pendiente.

- **Solifluxión**. Es el deslizamiento de los suelos saturados de agua sobre las capas inferiores aún congeladas. También intervienen el flujo y la reptación.

- **Desprendimientos y vuelcos**. Es la caída libre de partículas individuales (cantos, bloques...) de diferente tamaño. Es frecuente en zonas periglaciales donde existe una importante fractura de rocas por gelifracción.

3. IMPORTANCIA DE LA LITOLOGÍA Y DE LAS ESTRUCTURAS GEOLÓGICAS

En ocasiones, en diferentes partes del globo terráqueo encontramos formas del relieve parecidas. Esto se debe a que están constituidos bien por un tipo de roca determinado (granitos, arcillas...), bien por disposición de capas semejantes (alternancia de estratos duros-blando, inclinación de éstos...). En el primer caso hablamos de paisajes que poseen la misma **litología**, y lo estudia la *geomorfología litológica*; en el segundo decimos que tienen la misma **estructura**, y lo estudia la *geomorfología estructural*.

3.1. Geomorfología litológica

En esta apartado veremos algunos paisajes que presentan unas mismas formas esenciales independientemente del clima donde se encuentren (aunque éste disponga después sus rasgos propios), debido a que presentan rocas con una misma composición química y estructura cristalina que los hará más o menos resistentes a los agentes externos, adoptando las formas características de cada uno de ellos. Veremos dos tipos: el *paisaje granítico* y el *paisaje kárstico*.

PAISAJE GRANÍTICO

El granito es una roca endógena muy dura y muy resistente a la meteorización química que se forma en el interior de la corteza. Cuando el proceso erosivo de una zona es muy intenso acaba aflorando a la superficie en forma de grandes bloques. El paisaje que genera recibe el nombre de **paisaje de berrocal** o también **caos de bolas**, por el aspecto que presenta.

Las rocas graníticas, exhumadas tras el desmantelamiento del suelo, sufren un proceso de hidrólisis a favor de las diaclasas. Los bloques resultantes se van desgastando y redondeándose. Las estructuras que sobresalen pueden formar **torres** o **pináculos**, cuando quedan unos sobre otros. Sobre estos bloques, horizontalmente, puede continuar la meteorización química, generando **piscinas** o **pilacones**, y en las paredes, verticalmente, formando **tafonis**, que son como pequeños orificios generados en las rocas graníticas.

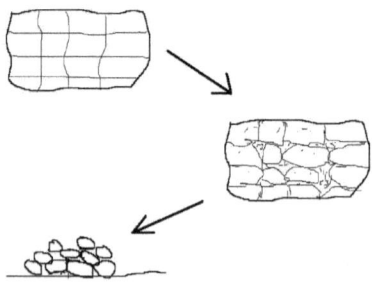

PAISAJE KÁRSTICO

Este paisaje se forma, principalmente, en zonas de rocas calcáreas, aunque también puede darse en rocas formadas por yeso o sales, pero las estructuras que formarán tendrán un desarrollo menor. Las calizas son rocas muy duras e impermeables, pero son muy sensibles a los ácidos. De hecho, el agua lleva disuelto una cantidad considerable de dióxido de carbono que, en disolución, forma ácido carbónico. Cuando el agua de lluvia se infiltra por las grietas que dejan las rocas calcáreas, el ácido va disolviendo poco a poco los carbonatos de la roca y los arrastra hacia otros lugares, donde se depositará y dará lugar a unas formas típicas de depósito. Este proceso se produce según la siguiente fórmula:

$$CaCO_3 + CO_2 + H_2O \rightarrow 2(HCO_3^-) + Ca^{2+}$$

el dióxido de carbono y el agua forman el ácido carbónico que disuelve el carbonato; el bicarbonato es soluble en agua y se pierde con ésta.

Todo el incremento de dióxido de carbono en el agua favorecerá la disolución de la roca. Así, los suelos con abundante vegetación estarán más enriquecidos con el CO_2 procedente de la descomposición de la materia orgánica y serán, por tanto, más agresivos para las rocas carbonatadas. Por otra parte, el aumento de la temperatura tiene un doble efecto: por un lado aumenta la velocidad de las reacciones (en este caso el de la disolución de los carbonatos) y, por otro lado hace disminuir la concentración de anhídrido carbónico que puede contener el agua.

Los residuos insolubles que se generan, es decir, las impurezas que presentaba la roca, suelen ser escasos (limos, arcillas...), que favorece, por otra parte, la infiltración del agua de lluvia. También cabe decir, que la caliza tiene una gran consistencia, por lo que soportará la presencia de grandes voladizos, galerías, cuevas... como veremos.

En el modelado kárstico podemos distinguir dos grandes tipos de formas:

- **Formas exokársticas.** Son formaciones que se generan en la *superficie* de los terrenos calcáreos. Entre las más características encontramos:

    - Lapiaz o lenar: son acanaladuras en la superficie de la roca, con tamaños centimétricos y poco profundas.
    - Dolinas, uvalas y poljés: una dolina es una depresión en el terreno bastante amplia (decenas de metros) formada por disolución,

11

colapso del terreno...; cuando se unen varias dolinas forman *uvalas*, que presentan contornos irregulares, y si a estas depresiones se les continúan uniendo más dolinas, se acabarán formando depresiones más grandes que se llaman *poljés*.

- Sumideros o ponors: son lugares donde el agua corriente se pierde hacia el interior de la roca.
- Surgencias: son lugares donde sale el agua.
- Travertinos y tovas calcáreas: son rocas formadas por precipitación de carbonato cálcico en las surgencias, como consecuencia de la disminución del dióxido de carbono que lleva el agua.
- Valles en fondo de saco: son valles profundos, con paredes escarpadas formados, normalmente, por el colapso de cavernas.

- **Formas endokársticas**. Son las estructuras que se forman en el *interior* de los macizos kársticos. Las más relevantes son:
    - Simas: conductos verticales, generalmente estrechos, que se introducen en el terreno.
    - Galerías: son conductos horizontales.
    - Cavernas: son cavidades amplias (hasta decenas de metros de altura) formada por ampliación de galería o por colapso de bloques del techo.
    - Estalagmitas: son deposiciones de carbonato cálcico que crecen del suelo hacia el techo.
    - Estalactitas: deposiciones de calcio que crecen del techo hacia abajo.
    - Columnas: es la unión de una estalactita con una estalagmita.
    - Cortinas: son deposiciones de carbonato cálcico que crecen en zonas curvas y que adoptan una forma de cortina de piedra.

En el siguiente esquema se muestran las estructuras más representativas del relieve kárstico:

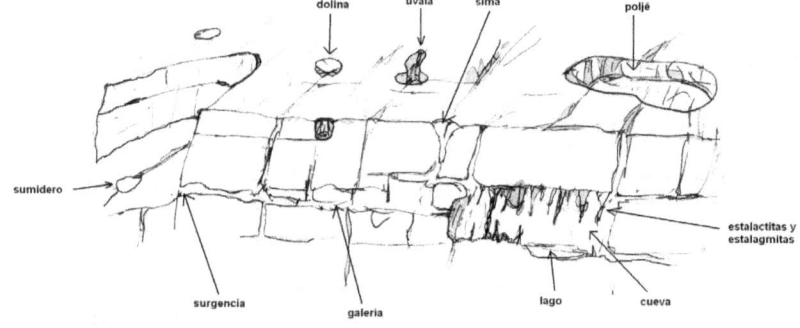

3.2. Geomorfología estructural

Al igual que pasaba con la composición química, la disposición que presenten los materiales litológicos influirán en la morfología del relieve. En el caso de las fracturas, éstas son zonas de debilidad frente a la erosión, condicionando las redes de drenaje o las zonas de excavación glacial. Cuando el sustrato presenta rocas con diferente dureza, la disposición de éstas condiciona la forma del relieve resultante.

MORFOLOGÍA TABULAR

Este tipo de estructura es característica de zonas en las que los estratos duros y blandos se disponen en capas horizontales, sin apenas inclinación. En este caso, la red de fracturas será el único control estructural. De entre las estructuras más características se pueden destacar:

- **Cañones**. Son valles estrechos, con paredes escarpadas, formados por la erosión de un río o de las aguas torrenciales.
- **Meseta**. Es una estructura amplia, formada por una gran losa de roca dura, que tiene debajo otras rocas menos consistentes. Pueden tener de centenares de metros a kilómetros.
- **Mesa**. Es una estructura similar a la anterior, que se distingue por su menor tamaño (decenas de metros).
- **Cerros testigo**. Es una estructura de pequeñas dimensiones formada por la erosión de las formas anteriores.
- **Llanura**. Es la zona que queda por debajo de los estratos duros y que recoge los sedimentos que han sido erosionados. En ocasiones, puede contener *badlands*.

En el esquema que hay a continuación se muestran las principales estructuras del modelado tabular:

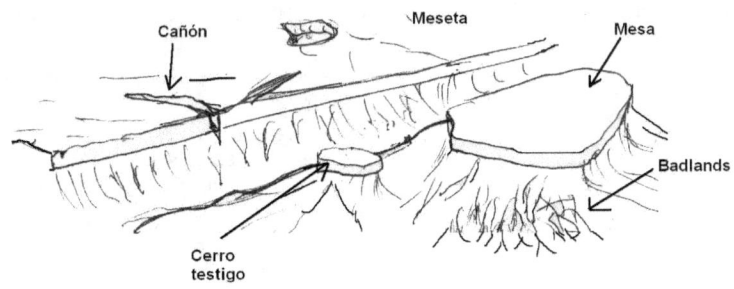

Cuando los estratos presentan una cierta inclinación, se forma un **relieve en cuestas** característico. En este caso, se forman *valles consecuentes* que siguen la dirección de los estratos, *valles obsecuentes*, que discurren en dirección contraria a los estratos, y *valles subsecuentes* que conectan a los anteriores.

MORFOLOGÍA VOLCÁNICA

Tras un periodo de actividad volcánica más o menos intenso, las estructuras volcánicas son erosionadas, generando unas formas del relieve que, si bien poco frecuentes, son muy características. En este caso, los dique pueden formar estructuras planas que se asemejan a las mesas del relieve tabular; la chimenea volcánica dará lugar a columnas verticales de lava más dura que las rocas de alrededor. También se puede formar ambientes de berrocal semejantes a las que se originan con rocas graníticas.

4. CONCLUSIÓN

Como hemos podido ir viendo a lo largo de este tema, los diferentes agentes externos que actúan sobre la superficie terrestre (agua, viento, temperatura...), junto con las características estructurales y litológicas de la corteza, dan lugar a una gran variedad de paisajes.

Muchos de estos relieves que encontramos son característicos de determinadas zonas climáticas pero otros, en cambio, se deben a las características propias de cada tipo de roca. El estudio de todos ellos nos ha ayudado a comprender un poco mejor cómo es nuestro planeta y, cosa no menos importante, cómo ha llegado a ser así.

Bibliografía útil:

ANGUITA, F. y MORENO, F. (1993) "Procesos geológicos externos y geología ambiental", Ed. Rueda.

AGUEDA, J. y otros (1983) "Geología", Ed. Rueda.

AMOROS, J.L. y otros (1991) "Geología", Ed. Anaya.

GUTIÉRREZ, M. (2001) "Geomorfología climática", Ed. Omega.

LILLO, J. y otros (1982) "Geología", Ed. Ecir.

STRAHLER, A. (1997) "Geología física", Ed. Omega.

TEJADA, G. (1994) "Vocabulario geomorfológico", Ed. Akal.

TEMA 15

EL MODELADO DE LAS ZONAS ÁRIDAS. EL PROBLEMA DE LA DESERTIZACIÓN. MEDIDAS DE PREVENCIÓN Y CORRECCIÓN.

0. INTRODUCCIÓN

En el presente tema nos centraremos en el modelado de las zonas áridas. Estudiaremos las características más relevantes que presentan, así como las formas de erosión y depósito que se generan en estas zonas.

Por otra parte, veremos el problema de la desertización, que afecta a grandes zonas del planeta, pero también a grandes regiones de nuestro país. Haremos, por una parte, un repaso de las principales causas que la generan y, a continuación, veremos las medidas de prevención y corrección que se llevan a cabo para luchar contra este problema.

Esta vertiente de la Geología y las Ciencias Ambientales tiene una gran aplicación práctica, lo que hace necesario un estudio exhaustivo de su contenido. No obstante, se dispone de una gran cantidad de información que será difícil de resumir y concretar con rigor en unas páginas. De todas formas, intentaremos hacer un repaso de los aspectos más relevantes y se excusa las carencias que puedan existir.

Para la exposición de este tema seguiré el siguiente orden...

(es muy conveniente exponer con claridad, aquí al principio, el orden que se va a seguir, leer el índice de una forma ágil)

1. EL MODELADO DE LAS ZONAS ÁRIDAS

Las *zonas áridas* de nuestro planeta se sitúan, en términos generales, alrededor del paralelo 30°N y 30°S, justo bajo cinturones anticiclónicos. También existen otros desiertos que se generan en lugares con pocas precipitaciones, ya sea por presentar una alta continentalidad, como los de Mongolia, o alguna cordillera montañosa que impida la entrada de lluvia en estas zonas. Unos y otros, presentan un clima desértico y semidesértico.

1.1. Los dominios áridos: características de las zonas áridas

Un **desierto** se puede definir, en sentido estricto, como un paisaje con pocas precipitaciones. La escasez de agua determinará, no obstante, el tipo de paisaje que se formará, con poca vegetación y poca actividad animal, y la eficacia de los diferentes agentes externos (viento y agua).

Aunque tengamos presentes los típicos desiertos de arena y con altas temperaturas, que son realmente los más abundantes, la verdad es que existe otro tipo que son los **desiertos fríos**, que se caracterizan, como los cálidos, por presentar pocas precipitaciones pero, por el contrario, tener unos regímenes de temperaturas por debajo de los 0°C durante todo el año. No obstante, en este tema nos centraremos en los cálidos, por ser los que ocupan una mayor extensión en nuestro planeta. Éstos podemos dividirlos en tres dominios:

- **Dominios hiperáridos**. Precipitaciones de 10 a 50 mm al año, de media, pues puede pasarse varios años sin llover. Procesos de termoclastia, viento con dunas. Estos dominios se encuentran situados en sobre los 30° de latitud y en el interior de algunos grandes continentes.

- **Dominios áridos**. De 50 a 150 mm al año en una sola estación. Existe una cierta meteorización química apreciable (torrentes, terrenos disueltos...). Termoclastia y viento. Rodean a los dominios hiperáridos.

- **Dominios semiáridos**. Las precipitaciones llegan a 150 – 400 mm al año, repartidas en varios meses, lo que da pie a un ritmo estacional de la vegetación y presencia de corrientes de agua en alguna época del año. Se observan ya procesos de escorrentía, depósitos de piedemonte..., quedando la deflación eólica en un segundo plano. Estos dominios se encuentran en la transición entre las zonas áridas y las templadas.

Debido a la escasa humedad atmosférica, en las zonas desérticas encontraremos una fuerte oscilación de temperatura, que puede pasar de los 57°C durante el día en los más calurosos (como el Sáhara), a los pocos grados sobre cero durante la noche.

La acción del viento, con sus alta velocidad y fuerza, desprovee al suelo de todo material idóneo para general un los horizontes edáficos. Este hecho impide, junto con la falta de lluvias, la generación de una cubierta vegetal propia.

1.2. Meteorización en las zonas áridas

La meteorización que se lleva a cabo en zonas áridas y semiáridas es, básicamente, de tipo físico, puesto que la química necesita de la presencia de agua y ésta es poco abundante. Destacamos los siguientes procesos por orden de importancia:

- **Termoclastia**. Las sucesivas dilataciones que presentan las rocas de la superficie de los desiertos entre el día y la noche acaban por debilitarlas y romperlas. Esto genera rocas angulosas que se irán rompiendo en otras más pequeñas hasta llegar a tamaños micrométricos y formar las arenas, arcillas y limos típicos de las zonas desérticas.

- **Haloclastia**. Se trata de la rotura de la roca por la presencia de sales. En el desierto existe una gran cantidad de sales que, cuando llueve, se disuelven y se acaban por depositar en las grietas de las rocas. Cuando el agua se evapora, las sales cristalizan, se expanden y rompen la roca.

- **Hidroclastia**. La acción del agua, pese a ser poco abundante, es muy importante cuando se hace presente. La escasez de vegetación y la poca cohesión de los materiales hace que tenga una eficacia erosiva muy grande en los cortos periodos de lluvia.

- **Acción de los seres vivos**. Los animales y plantas también son escasos en estos ambientes, pero algunos de ellos, en especial los vegetales, pueden modificar algunas de las formas que se generan. Este es el caso de un tipo de dunas que se forman por la presencia de alguna planta o arbusto (*dunas de arbusto*).

1.3. Agentes geológicos de las zonas áridas

Como ya hemos comentado más arriba, el principal agente geológico de estas zonas es el *viento*, aunque también tiene una importancia secundaria el *agua*.

El **viento** llevará a cabo procesos de erosión, transporte y sedimentación. La *erosión* tendrá lugar por la colisión de unas partículas con otras. Su poder erosivo vendrá determinado por la fuerza que tenga y, por tanto, por la cantidad de partículas que pueda transportar. Este tipo de erosión por el choque de partículas se llama **abrasión eólica** o corrosión. Otro proceso característico del viento es la **deflación**, que consiste en arrastras las partículas del suelo de forma selectiva, llevándose las más ligeras y dejando las más gruesas y pesadas; este es el origen de los *desiertos de piedra*.

El *transporte* se puede hacer de tres formas básicas:

- **Reptación**. Es el arrastre de las partículas por el suelo. Normalmente, así se transportan las partículas más grandes.

- **Saltación**. Las partículas se mueven a saltos. Esto se produce bien cuando la velocidad del viento es baja, bien cuando las partículas son de pequeño tamaño.

- **Suspensión**. El viento lleva en su seno las partículas que transporta; cuanto mayor sea la fuerza del viento, tanto mayor podrá ser el tamaño de las partículas que podrá transportar. De esta forma también se podrán formar **tormentas de arena**.

Cuando el viento pierde fuerza, se produce la *sedimentación*. Esta se da en lugares más o menos alejados de las zonas de origen, pudiendo viajar muy lejos, incluso a otros continentes. Este es el caso de la "lluvia sucia" que cae en algunos lugares de España y que se debe a partículas de polvo que han sido transportadas por los fuertes vientos desde el desierto del Sáhara.

Las **aguas salvajes** también pueden ser un factor erosivo importante especialmente, como hemos visto, debido a la falta de vegetación que retenga el suelo. La inexistencia de ríos hace que las aguas de escorrentía se reúnan en lechos temporales, estando la mayor parte del tiempo secos. Las gotas de lluvia erosionarán fácilmente el sustrato en donde caen, y arrastrarán fácilmente partículas hacia otros lugares. Cuando cese la lluvia y la velocidad de las aguas encauzadas disminuya, se depositarán los materiales que transportaba. El tiempo que permanezcan sin cauce fijo dependerá de la capacidad de absorción del terreno y de la presencia o no de vegetación. Cuanto mayor sea el régimen de lluvias de una zona (como en algunas semiáridas), las formas de erosión y depósito de asemejarán más a las formas de los procesos fluviotorrenciales.

1.3. Formas del relieve de los desiertos

FORMAS DE EROSIÓN

Las formas de erosión producidas por el *viento* son muy características. Entre las más comunes destacamos:

- **Alveolos y oquedades**. Cuando las partículas del viento alcanzan consiguen realizar alguna oquedad en la roca, ésta es agrandada por la fricción de partículas dentro de ellas, que van rodando y redondeándola. Si estos huecos redondeados se producen en rocas graníticas, se llaman **tafonis**. Cuando su tamaño es métrico reciben el nombre de **abrigos**.

- **Montes isla o inselbergs**. Se trata de formaciones rocosas duras, que han resistido al embate del viento. Los materiales de alrededor, más blandos, has sido desgastados y transportados a otros lugares. Resaltan sobre el resto del terreno por ser más altos, perecidos a pequeñas montañas.

- **Desiertos de piedra o regs**. Son grandes extensiones de piedras de un diámetro centimétrico y sin arena. Se forman cuando el viento ha arrastrado, por deflación, las partículas más finas, dejando las más gruesas. Si el viento es muy intenso se llevará prácticamente todos los fragmentos de pequeño tamaño, quedando solo grandes bloques de piedra. Este tipo de desierto se llama, entonces, **hammada**.

- **Rocas fungiformes**. Se trata de rocas con la base más erosionada que la parte superior, que adoptan una forma parecida a una seta. Suelen tener un tamaño métrico. Su origen se debe a que el viento transporta una mayor cantidad de partículas cuanto más cerca del suelo esté, disminuyendo la concentración de éstas hacia arriba. Por esta razón, la parte de la roca que se encuentre más cerca del suelo recibirá más impactos de partículas y se erosionará más que la superior.

- **Ventifactos**. Se le da este nombre a las rocas que han sido erosionadas por el viento más intensamente por uno de sus lados, el más expuesto al viento.

- **Oasis**. Se forman cuando el viento sobreexcava el terreno formando una *cubeta de deflación*. Si llega al nivel freático, el agua saldrá a superficie y formará un oasis.

- **Caos de bloques**. Es un tipo de paisaje de bloques que no tienen un orden fijo, sino más bien aleatorio. En realidad son restos de masas de rocas que han sido erosionadas por el viento.

Por su parte, el *agua* puede también producir unas formas de erosión características en las zonas desérticas. Veamos algunas de las más representativas:

- **Uadis**. Son valles poco profundos y más o menos anchos, excavados en la arena del desierto. Por ellos circula el agua en la época de lluvia.

- **Sebkha**. Se trata de depresiones endorreicas donde se acumula el agua. Se inundan temporalmente durante la época de lluvias, pero durante la mayor parte del año permanecen secos.

- **Cárcavas o *badlands***. Las cárcavas son pequeños canales que se producen en el terreno como consecuencia del paso del agua. Se produce en suelos poco consistentes y con poca vegetación. Un paisaje con cárcavas recibe comúnmente el nombre de *badlands*.

- **Abarrancamientos**. Son canales más profundos, de un tamaño de metros a decenas de metros, formados por la profundización de las cárcavas. Permanecen secos la mayor parte de año, solamente transportando agua durante la época húmeda.

- **Chimeneas de hadas**. Son estructuras muy características, formadas por una columna de sedimentos poco consistentes con una roca, más o menos grande, en la parte de superior que los protege. Se forman por la acción de las gotas de lluvia, que impactan sobre el suelo y lo van erosionando, menos en 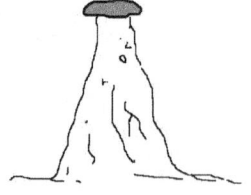 la zona con un sustrato duro que protege a lo que hay por debajo.

- **Torrentes**. Son zonas de escape del agua de lluvia en un escarpe; frecuentemente tienen una gran pendiente. Después de la lluvia, el agua es recogida por la *cuenca de recepción* del torrente, posteriormente pasa por un *canal de desagüe* más o menos estrecho y, finalmente, sale por el *cono de deyección*, donde se acumulan los sedimentos arrastrados.

FORMAS DE DEPÓSITO

Los materiales erosionados son transportados por el viento, pero cuando este pierde fuerza, éstos se depositan formando estructuras características. Entre ellas encontramos:

- **Dunas**. Son acumulaciones de arena. El conjunto de dunas forman los **desiertos arenosos** o, también llamados, **ergs**. Según la morfología, existen distintos tipos de dunas:

  - Dunas piramidales: son de gran tamaño (de 20 hasta 400 metros de altura), con una forma que recuerda a las caras facetadas de una pirámide.
  - Dunas en domo: son dunas circulares, algo menores que las anteriores.
  - Barjanes: son dunas con forma de media luna, con una cara con poca pendiente y otra con mayor pendiente.
  - Dunas longitudinales: se trata de cordones de dunas que se forman en la dirección del viento. Se generan cuando el viento mantiene una dirección bastante constante.
  - Dunas transversales: son dunas que se producen transversalmente a la dirección del viento. Se generan cuando el viento tiene una dirección contante pero una fuerza baja.
  - Dunas – eco: se producen a partir de los sedimentos que chocan contra una pared rocosa y rebotan. Son de pequeño tamaño.
  - Duna arbustiva o **nebkha**: se producen cuando la arena se acumula en un arbusto, que hace de freno. Al igual que las anteriores, son de pequeño tamaño.
  - Dunas costeras: son un tipo especial de dunas que se forman cerca de la costa. Se caracterizan porque son las única que pueden presentar vegetación sobre ellas.

- **Depósitos de loess**. Son acumulaciones de sedimentos muy finos, tipo limos y arcillas, que han sido transportados a grandes distancias por el viento. Pueden atravesar, incluso, países, como es el caso de los sedimentos que llegan de África a España. Donde se acumulan, forman terrenos muy fértiles.

- **Yardangs**. En terrenos donde se alteran sustratos blandos y duros, el viento desgasta fácilmente los más blandos y deja acanaladuras, que toman una dirección paralela al viento. Los sustratos más duros son colonizados por vegetales que los protegen. Esto es típico de zonas semiáridas, donde comienza a existir algo de vegetación más o menos permanente.

El agua, aunque escasa, también genera estructuras sedimentarias típicas. Muchas veces, no obstante, estas formaciones son rápidamente borradas por la potente acción del viento. Algunas que se pueden observar son:

- **Coladas de barro**. Se trata de un movimiento del terreno después de haberse embebido de agua, comportándose como un sustrato semilíquido. Pueden ser de distinto tamaño, y las más grandes pueden incluso sepultar vastas extensiones del terreno.

- **Patines o barnices**. Son depósitos ferromagnésicos, silicatados o de óxidos de hierro que se forman tras una fuerte y rápida evaporación del agua que los transportaba. Dejan una forma que parece que haya sido "barnizada" en los terrenos donde se da.

- **Eflorescencias**. Son cristales de sales en la superficie del terreno. Se generan por procesos de evaporación intensa, haciendo que las sales emerjan a superficie. Dejan el suelo con un aspecto blanquecino.

2. LA DESERTIZACIÓN

2.1. Concepto y factores que la generan

En el campo del estudio de los desiertos, y sobre todo en su vertiente aplicada, podemos hablar de dos conceptos que, aunque parecidos, contienen matices diferentes. Estos son *desertización* y *desertificación*. **Desertización** se refiere a un proceso *natural* de aridificación, xerotización y desecación de una zona más o menos extensa. Por otra parte, el concepto de **desertificación** es una neologismo sinónimo al anterior, aunque algunos autores los utilizan para designar los procesos de desertización en los que interviene la acción del hombre.

Por su parte, la *Real Academia Española* de la lengua define **desertificar** como "*transformar en desierto amplias extensiones de tierras fértiles*".

En cualquiera de los casos, en la transformación en un desierto de una zona que no lo era interviene, por una parte, un **factor climático** y, por otra, un **factor humano**. En el factor climático influye un cambio en las condiciones climáticas generales del planeta o de una región (lo que algunos autores llaman el **cambio climático**), que se hacen más secas, con mayor temperatura y con menos lluvias o peor repartidas a lo largo del año. El factor humano, por otro lado, es el más preocupante, pues es en el que el hombre influye directamente y, a diferencia del anterior, sobre el que se puede actuar y reducir sus efectos. Algunas de las acciones que lo favorecen son:

- establecer cultivos en pendientes,
- excesiva profundidad de la labores de labrado de los campos de cultivo,
- exceso del pastoreo,
- riego con aguas salobres,
- eliminación de las especies marginales (que protegen el terreno),
- tala de árboles a mata-rasa,
- uso de maquinaria pesada que compacta el suelo, etc.

La erosión es un proceso que está muy relacionado con la desertización. El primer problema de este proceso de desertización vendrá dado por un alta erosión, que conllevará a la pérdida de la cobertura vegetal acompañada, recíprocamente, de una pérdida de lo horizontes superiores (y más fértiles) del suelo. Estos horizontes no se repondrán por la inexistencia de una vegetación que los renueve/genere.

Por otra parte, también se ha de tener presente que la desertización es un proceso que siempre ha existido, con épocas expansivas y épocas regresivas. Lo que ha cambiado, en muchos casos, es la velocidad a la que se producen y la escala planetaria en que tiene lugar. Como ejemplo, podemos poner muchos países del sur de África, en que el incremento de la población ha disminuido el barbecho rotativo cada 20 años que se hacía tradicionalmente, a unos pocos años; esto disminuye la producción de cultivos, e implica la roturación de nuevos campos (menos adecuados) que conlleva, finalmente, a la destrucción del suelo.

Según datos del PNUMA (Programa de las Naciones Unidas para el Medio Ambiente), se encuentra en peligro de desertización una superficie de unos 33 millones de kilómetros cuadrados en todo el mundo.

2.2. Causas de la desertización

En este apartado veremos algunas de los principales procesos que producen la desertización de un terreno, tanto por causas naturales como antrópicas (que serán los principales).

Para entender bien este proceso, hemos de tener presente que el suelo es un sistema que está en un equilibrio dinámico. Cualquier alteración que se produzca sobre él que sobrepase sus límites de autorecuperación de las condiciones iniciales, desembocará en un proceso erosivo y, por tanto, será un paso hacia la desertización.

Teniendo esto siempre presente, veamos, a continuación, las causas principales que conducen a la desertización.

- **Pérdida del suelo fértil**. La evolución geológica que ha sufrido un lugar y las condiciones climáticas de la zona, hace que existan suelos, de por sí, pobres en nutrientes. Esto hará que la vegetación no sea muy abundante y, por tanto, que el suelo sea frágil. Si, además, esto va acompañado por un relieve irregular, será más fácil que se produzca la erosión y, por consiguiente, que avance la desertización. Este proceso no se parará aquí, sino que tendrá otras consecuencias como facilidad de que se produzcan avenidas torrenciales, fuego, salinización y contaminación... que a su vez traerán otros problemas.

- **Destrucción de la cubierta vegetal**. La vegetación se puede perder por vario motivos: incendios, pérdida de nutrientes, talas... Esto llevará a una pérdida del humos y la no regeneración de éste, cambio de especies vegetales (crecerán especies esporádicas o foráneas)... También su pérdida puede deberse a factores políticos y sociales, o a intereses económicos (tala para la industria, nuevos cultivos...). A su vez, esta pérdida tendrá consecuencias políticas, económicas y sociales (pérdida de suelos, disminución de la producción, emigraciones...).

- **Uso agrícola y ganadero del suelo.** Un suelo forestal resiste mejor a la erosión que uno agrícola o ganadero. Cuando se transforma en un suelo agrícola, éste es más sensible a la erosión, pues se suele dejar la superficie del terreno más desprotegida. También influyen técnicas como la quema de rastrojos, los arados profundos, la eliminación de matorrales periféricos o el abandono de éstos, finalmente, por pérdida de nutrientes. Algunas técnicas ganaderas también perjudican el suelo como el sobrepastoreo, el redileo (reunir el ganado menor en una tierra de labor para que la abone)... pues compacta en suelo por el continuo pisoteo.

- **Obras públicas y explotaciones mineras.** Las vías de comunicación, pistas forestales, cortafuegos mal diseñados, las minas... también alteran la dinámica edáfica y dejan la superficie expuesta a procesos erosivos. Los embalses, por su parte, alteran la dinámica fluvial, incrementando la erosión aguas abajo, destruyendo los suelos fértiles. La extracción de áridos, incrementan el poder erosivo del río... Si en todas estar obras no existen unos planes de restauración previstos, pueden generar impactos difíciles de solucionar posteriormente.

- **Cambios de usos del suelo.** El paso de comunidades vegetales, estables, a usos industriales o urbanos (entre otros) dejan el suelo desprotegido, lo que favorece su erosión. La desecación de humedales y utilización de éstos para otras prácticas también altera la dinámica del suelo y favorece su destrucción y pérdida.

- **Otros procesos de degradación.** El suelo también puede degradarse y hacerse inservible para soportar una vegetación permanente por otras causas. Entre ellas destaca la utilización excesiva de productos químicos como pesticidas, abonos y otros productos que degradan el suelo. Aquí entraría, aunque con menor alcance, las acciones destructivas de la lluvia ácida. Cabe mencionar, por su mayor amplitud y frecuencia, el fenómeno de la **salinización del suelo**. Esta consisten en el aumento de la concentración de las sales del suelo que impide la supervivencia de los vegetales y la degradación y la pérdida, más pronto o más tarde, del suelo. Se produce por causas varias; entre ellas podemos destacar el abuso de abonos (que, en definitiva, también son sales), el riego con aguas salobres (que tienen un gran contenido en sales) o por la sobreexplotación de los acuíferos, en zonas costeras, que hace subir las sales hacia la superficie llegando a crear, incluso, costras salinas.

3. MEDIDAS DE PREVENCIÓN Y CORRECCIÓN

Ante el problema tan generalizado de la desertización se han de elaborar una serie de actuaciones encaminadas a bien prevenirlo, bien a corregirlo en las situaciones en que esté avanzado. Entre las principales medidas **prevención** encontramos:

- **Conservación de las masas forestales**. La conservación de los bosques es una acción esencial, sobre todo en zonas con alto riesgo a ser erosionadas, como es el caso de España. Esta medida, costosa por la extensión que ocupan las masas vegetales, no parece valorarse lo suficiente hasta el momento en que desaparecen y surge el problema de la erosión.

- **Control de incendios**. La vigilancia sobre la aparición de los incendios forestales, sobre todo en las épocas más secas, es esencial en la conservación de los suelos. Se ha de poseer de un buen sistema de alarma y de un equipo que pueda actuar rápidamente una vez surgido el incendio.

- **Control pastoreo**. Una buena gestión del pastoreo, delimitando las zonas aptas y no aptas para esta actividad, controlando el número de cabezas por zonas y su frecuencia, etc. es esencial en la conservación del suelo. No se trata de eliminar esta práctica, pues en según qué zonas es, incluso, beneficiosas y necesaria para el mantenimiento y continuidad del ecosistema.

- **Control zonas dedicadas al cultivo**. Se hace también necesario estudiar y ver cuáles son las zonas más aptas (por sus condiciones, exposición, pendiente...) para los cultivos agrícolas, evitando, por otra parte, aquéllas zonas más delicadas y donde lo procesos erosivos puedan actuar más. También es muy útil la fomentación de una agricultura ecológica, más respetuosa con el medio ambiente.

- **Gestión del agua**. El control del riego, que evite los encharcamientos, la pérdida innecesaria de agua, la aptitud de la calidad del agua para el uso agrícola (mirando, por ejemplo, la cantidad de sales que lleva disueltas), son también una medida que evitará a largo plazo la pérdida del suelo.

- **Ordenación del territorio**. En términos, generales, se ha de prever una distribución de los usos del suelo, decidiendo qué suelos se va a dedicar a qué cosa, en qué proporción y si se ha de poner alguna limitación o medida reguladora. En este caso, se pueden dejar, como ejemplo, los suelos más pobres y alterados para actividades que tengan pocas necesidades, como la construcción de industrias, vías de comunicación..., y conservar los más interesantes, desde el punto de vista ecológico.

- **Controlar la extracción de agua subterránea**. En algunas zonas (en muchas en el territorio español) será necesario controlar número de pozos que se hagan y la cantidad de agua que se extraiga, por tal de evitar males mayores como la desecación de humedales o la salinización de los suelos.

- **La Evaluación de Impacto Ambiental** (EIA). Se trata de un proyecto que han de elaborar las empresas que vayan a ejercer una actividad sobre el medio natural, que ha de incluir las actuaciones que se llevarán a cabo (en el medio) y, sobre todo, cómo se van a corregir las alteraciones producidas una vez acabado el proyecto. Esto viene haciéndose en los últimos años, con resultados muy satisfactorios de cara a la conservación de los ecosistemas.

- **Estudio, conservación, protección**. En definitiva, ha de haber una voluntad por parte de la administración y de los ciudadanos por revalorizar lo natural, por ver la importancia de los ecosistemas en nuestra vida y de valorar su conservación. De aquí parte la iniciativa para potenciar estudios sobre el medio natural, sobre impactos que se están haciendo sobre él, elaborar medidas de conservación y protección. La concienciación es una herramienta que implica la participación de todos en la conservación de los ecosistemas. Todos estos medios estarían dentro de la **gestión sostenible del suelo**.

Por otra parte, y una ver surgido el problema, tenemos la **corrección** de los procesos de desertización. Ésta se llevará a cabo con la intención de recuperar las condiciones iniciales que tenía el suelo o, al menos, acercarse lo más que se pueda a ellas. Entre las más importantes destacamos:

- **Reforestación y recuperación de ecosistemas naturales.** Ante un terreno que está sufriendo una regresión por causa de la erosión, es plausible la reforestación con especies vegetales. Es conveniente el uso de especies autóctonas por ser las que mejor se adapten al medio cubriendo, además, los diferentes estratos que pueda haber (hierbas, arbustos, árboles).

- **Control del avance de dunas**. En determinadas zonas se hará necesario interponer algún obstáculo para evitar el avance de las dunas móviles. Para ellos usan bien barreras artificiales, como el *tablestacado*, bien naturales como árboles adaptados a esas condicione, como los pinos, o gramíneas de alto poder radicular, como las gramas.

- **Regeneración de suelos**. Se trata de regenerar los horizontes que se han perdido por la erosión; generalmente se utiliza materia orgánica importada de otros lugares, y suelen ir acompañados de la replantación con especies vegetales.

- **Irrigación de zonas**. En zonas donde la erosión se produzca por desecación de humedales o por falta de humedad, en general, se podrá proceder al riego controlado para favorecer el crecimiento de la masa vegetal.

- **Inversiones a largo plazo**. Cabe comentar en este apartado de correcciones que hay otros medios que son eficaces más bien a largo plazo. Estos son el control de las emisiones de CO_2, que reduciría el calentamiento de la Tierra, la buena gestión de los recursos naturales (petróleo, rocas y minerales...), etc.

Todas las medidas de corrección llevan asociadas un gasto económico. Éste puede ser más o menos cuantioso pero, lo que es seguro, es que lo beneficios que se obtengan se verán a largo plazo, si se llegan a ver. Por otra parte, también es cierto, que estos beneficios serán mucho más perdurables en el tiempo y gozarán de ellos, más o menos directamente, todas las personas del planeta.

4. EL PROBLEMA DE LA DESERTIZACIÓN EN ESPAÑA

España es el país europeo situado más al sur, cercano a las zonas climáticas áridas. Según clasificaciones internacionales, posee un clima mediterráneo – templado. Pero la influencia de estos climas tan cercanos hace que parte de sus territorios tengan una tendencia a evolucionar hacia ambientes más secos y cálidos, especialmente en estos últimos años en que se ve empiezan a ver ya las consecuencias de un cambio climático.

A partir de estos datos, podemos esperar que las zonas más frágiles, con poca vegetación, poca precipitación anual, suelos poco cohesionados... acompañado todo esto con una alta actividad humana, vayan poco a poco, adquiriendo unas características que se acerquen más a las de los ambientes desérticos.

Según datos oficiales, unas 13 millones de hectáreas del territorio español (alrededor del 26% del territorio), sufren erosión grave, con pérdidas del suelo que superan las 100 toneladas por hectárea. Las zonas más afectadas de todas corresponden al sudeste peninsular, en concreto, las provincias de Almería, Murcia y Granada.

Este proceso de la desertización tienen una serie de consecuencias (económicas, sociales, ecológicas...) sobre nuestro país: se hacen necesarias indemnizaciones por pérdidas de cultivos por la sequía o las lluvias torrenciales, pérdidas de puestos de trabajo, reducción de la producción de los cultivos, etc.

A continuación destacamos algunos aspectos más relevantes que causan los procesos de desertización en nuestro planeta:

- **Los incendios forestales**. Son un evento muy temido en nuestro país, en especial, cuando se acerca el verano. Producen una desprotección de grandes zonas que pierden el suelo fértil con rapidez, sobre todo si se encuentran en zonas con pendiente. Las zonas más propensas a los incendios son aquéllas que tengan bosque de coníferas, como el pino blanco.

- **El exceso de tala**. Actualmente, esta actuación está bastante controlada, pero no por ello deja de ser preocupante que zonas que han tenido grandes bosques en el pasado (como los Monegros de Zaragoza), actualmente estén desprovistos de apenas vegetación por una mala gestión en su momento. Hoy día existen unas normas muy estrictas sobre los bosques que pueden ser explotados, cuándo y en qué medida.

- **El sobrepastoreo**. El pastoreo ha sido una actividad tradicional que estaba en bastante concordancia con el medio natural. El problema ha sido cuando se ha hecho necesario el concentrar el ganado para incrementar su producción, mejorar el rendimiento... Este es un fenómeno generalizado en toda España, prácticamente.

- **Irrigación con aguas de baja calidad**. En zonas costeras del Levante y Sur español hay tendencia a sobreexplotar los acuíferos. Cuando el agua que se obtiene contiene una cierta concentración de sales, entonces ya no se utiliza para beber sino para otros usos como el riego, con el consiguiente problema de la salinización y pérdida de propiedades que ya hemos visto.

- **Eliminación de márgenes**. Las zonas naturales que rodeaban los campos hacían como de retención del suelo. Además, eran capaces de repoblar un campo de cultivo rápidamente, una vez era abandonado. La unificación de las tierras en grandes propiedades ha hecho que estos márgenes se eliminaran y se perdiera, por tanto esta capacidad de retención y regeneración del suelo.

- **Abandono de tierras**. Es un problema que, aunque secundario, puede generar problemas en zonas que se encuentran en pendientes o en suelos con pocos nutrientes y, por tanto, con poca capacidad de regenerar la vegetación natural que existía. Esto se ha producido en zonas rurales donde la gente se ha reunido en ciudades y abandonado las pequeñas poblaciones con sus respectivos medios de sustento.

5. CONCLUSIÓN

En este tema nos hemos centrado en el estudio de los dominios áridos del planeta. Hemos visto cómo estos ocupan un porcentaje de la superficie terrestre importante. Los generan agentes geomorfológicos importantes como el viento, que genera formas de depósito y erosión características, entre ellas los conocidos desiertos arenosos.

También hemos podido ver que una mala gestión del suelo pude producir una pérdida de suelos fértiles en un proceso conocido como desertización o desertificación, según intervenga o no la acción humana.

Finalmente, hemos podido ver el caso de España, las zonas más afectadas por la desertización y las causas más frecuentes de su origen. Pero también hemos visto que hay medidas para su prevención y corrección.

Bibliografía útil:

ANGUITA, F. y MORENO, F. (1993) "Procesos geológicos externos y geología ambiental", Ed. Rueda.

AGUEDA, J. y otros (1983) "Geología", Ed. Rueda.

AMOROS, J.L. y otros (1991) "Geología", Ed. Anaya.

GUTIÉRREZ, M. (2001) "Geomorfología climática", Ed. Omega.

LILLO, J. y otros (1982) "Geología", Ed. Ecir.

MARGALEF, R. (1981) "Ecología". Ed. Planeta.

STRAHLER, A. (1997) "Geología física", Ed. Omega.

TEJADA, G. (1994) "Vocabulario geomorfológico", Ed. Akal.

TOHARIA, M. (1981) "Tiempo y clima", Ed. Salvat.

www.ingramcontent.com/pod-product-compliance
Lightning Source LLC
Chambersburg PA
CBHW070914180526
45168CB00005B/2011